沿線住民は眠れない

京王線高架計画を地下化に

海渡雄一・筒井哲郎

京王線地下化実現訴訟の会・協力

緑風出版

目次

沿線住民は眠れない
——京王線高架計画を地下化に——

序　章

第1章　問題の発生と経過

第2章 京王線高架化の騒音予測

第5章 杜撰な建設計画

第6章 住民のためのインフラ建設を求めて

終章 183

謝辞 200

序章

1　京王線高架計画と住民

都市近郊を貫く鉄道路線は、人口増によるスシ詰め輸送解消のための輸送力増強、過密ダイヤによる開かずの踏切解消、沿線の騒音・振動問題の解消などが喫緊の課題になってきた。近年、東京西郊の多摩地区と新宿を結ぶ京王線は、これらの問題の解決を迫られる路線の筆頭に上げられ、連続立体化と複々線化が焦眉の急になっている。

東京周辺の鉄道の連続立体化構想は一九五〇年代から始まった。京王線は一九六九年（昭和四四年）に建設省が、翌年に東京都が決定した京王線（都市高速鉄道一〇号線）の都市計画をもとに立体交差化することが決定されていた。その時代の立体化は、自動的に「高架化」を意味していた。その後、シールド工法が地下鉄や道路トンネル、地下下水溝などの施工に多用され、急速に普及して、施工費も高架化との差が大幅に縮小した。地下化は、従来地上を占有して町を二分していた軌道敷地が都市空間として高い便益を生み出すことに加えて、施工期間を短縮できるという実務上のメリットがある。高架化のためには線路両側に一定のスペースを必要とするため、周辺住宅敷地の買収を必要とする。買収対象となった居住者には個別の人生設計があり、移住の決断には時間が掛かるのは当然である。それらを勘案して、近年都市部の立体交差化や線増工事には地下化を選ぶ自治体が多くなった。

現在、京王線の笹塚駅（渋谷区）～つつじヶ丘駅（調布市）の間、約七・一㎞を連続立体交差化し、加えて近い将来その前後を加えた約八・三㎞を複々線化する計画が、東京都と京王電鉄の間で進められている。[注1] その立体交差化は、一九六九年（昭和四四年）の都市計画をそのまま踏襲して、まず現在の地上二線を高架化し、その後に地下二線を建設するとしている。しかしながら、その沿線の都市環境は過去五〇年間に大きく変貌している。一つには沿線に高層住宅が立ち並んで騒音公害を受けやすくなっている。第二には、路線の西郊側に多摩ニュータウンが開発されて、輸送力増強が求められ、列車の走行頻度・連結車両の増大、高速化が限界まで高められ、騒音の発生条件がすでに許容限度を超えているという現実がある。しかも、鉄道施設の寿命は、高架鉄道で一〇〇年以上、地下鉄道で二〇〇年以上が見込まれている。明治維新からの経過期間が一五〇年であり、鉄道の寿命がそれと相前後する長期間のものであることを考えると、長期の展望を持ったインフラ計画が構想されねばならない。しかし、現行の施工計画はすでに限界に突き当たっている。しかも、騒音をはじめとする現在の環境および都市計画上の問題が一向に改善されないまま継続することが予見されている。

沿線住民たちは危機感を覚えて、二〇一四年に東京地方裁判所に対して、現在の京王線の連続立体交差事業の認可を事前差止するように請求した。他方、事業を実質的に推進している東京都および京王電鉄は、二〇一六年二月に、対象区間を八工区に分けてすでに受注者を決定した。[注2]

この事業には、さまざまな問題が伏在している。行政機構は事業の合理性を追求することなく、既存の計画を盲目的に遂行しようとしている。その背後には、いったん都市計画が決定されると、それにまつわる不動産の利権などが発生し、地元政治家とも結びついた分配構造が既得権益のように固定化されること。市民に対する透明性を阻害し、市民の口をふさごうとする力学が働くことなどである。こうした事態に対応する市民の意思表示チャンネルの構築には膨大なエネルギーが必要で、長年の闘いを支える組織活動の維持は容易ではない。しかし、京王線沿線住民たちは、それらの困難を克服しながら、地道な活動を続けてきた。本書は、その活動経過と内容を記して、この社会の民主化を望む多くの市民の参考に供するものである。

2　沿線住民の京王線問題への取り組み

二〇〇九年、京王線連続立体交差事業の素案説明会が行われた。沿線住民にとって、京王線の高架化計画を知る初めての機会であった。それ以前も高架化の噂は聞こえていたものの、それが本当に実施されるとはほとんどの住民は考えていなかった。

沿線住民は長年の間、早朝四時半ごろから深夜一時過ぎまで、とりわけ朝夕の通勤時間帯には数分おきに走る電車の騒音と振動に悩まされてきた。電車が通過するときは、テレビの音が聞こえない、家のものがガタガタと震えるという日常生活を送ってきた。電車通過時の地面から突き上げる地震と間違えるような振動、睡眠を妨げる深夜に行われる保線工事騒音、そして朝夕の

図 0-1　京王線路線図

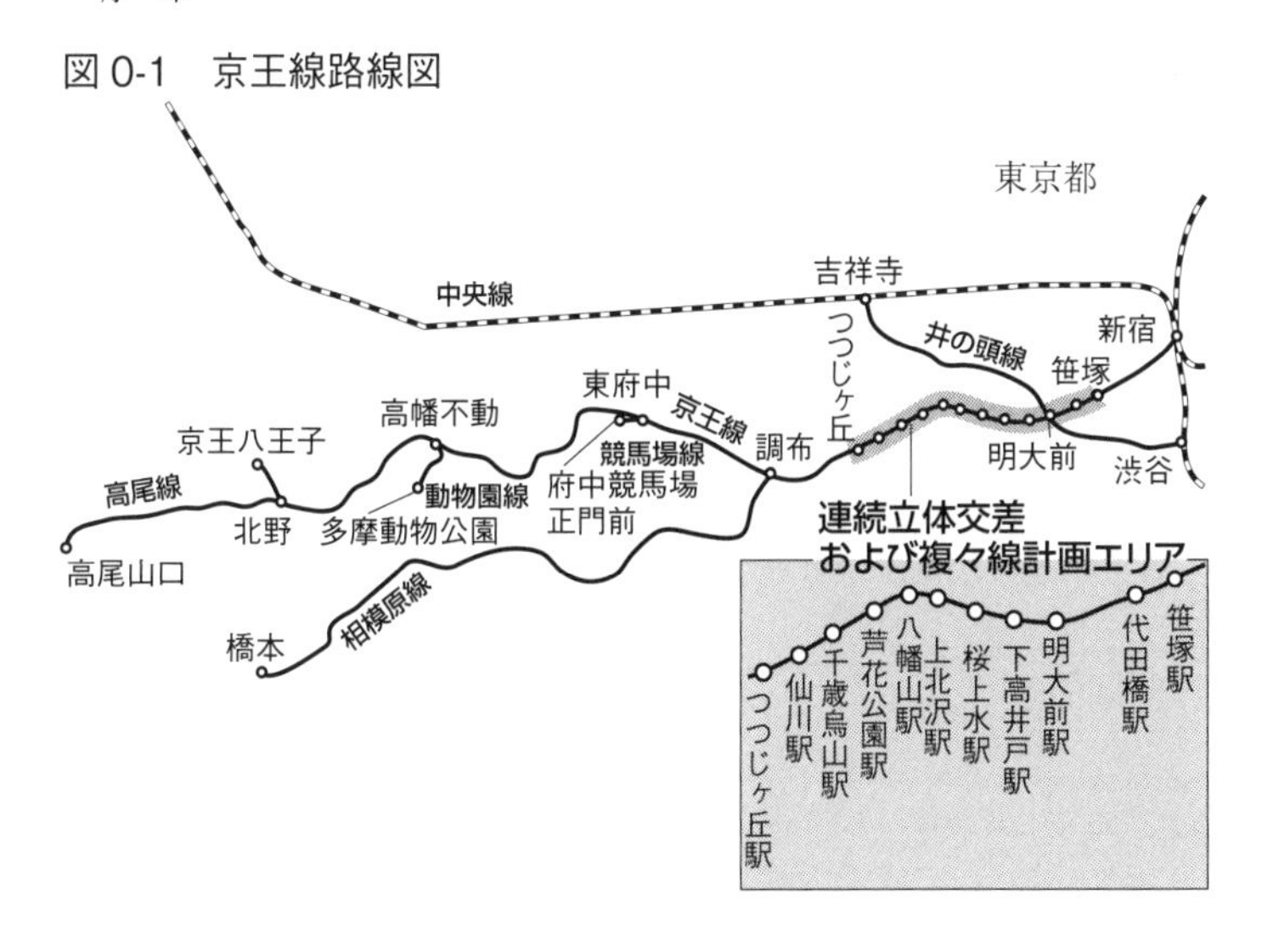

図 0-2　連続立体交差および複々線化計画の概要図
最初に地上線を高架にし、次いで地下に線増線を建設するという計画

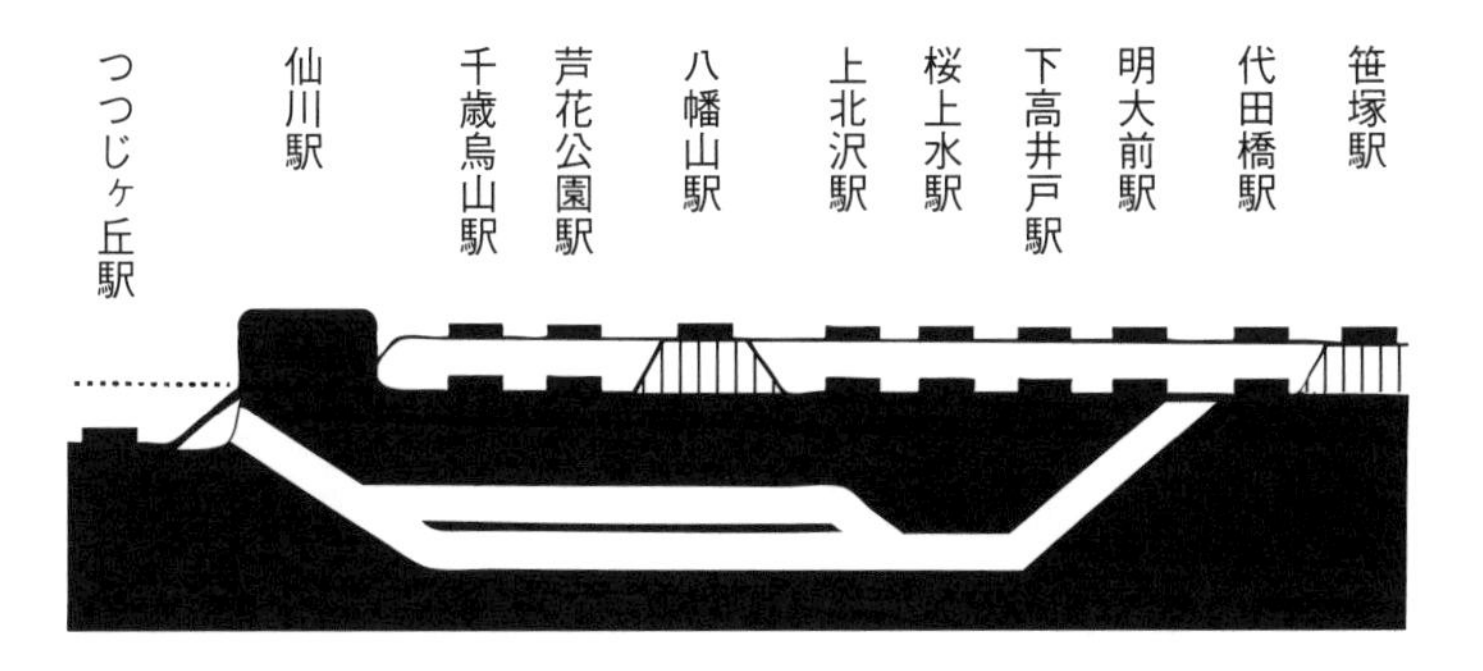

開かずの踏切、まさに京王線沿線地域は京王線がもたらす電車騒音汚染地帯と言うべき劣悪な環境を強いられてきた。このように長年、京王線の騒音や振動に悩まされていた沿線住民は、今時、連続立体交差化するならば、当然、騒音や振動のない地下線にするのが当たり前と考えていた。

しかし、その思いに反して在来線（二線）をまず高架化し、その後に複々線化するための増設線（二線）を調布から笹塚までどの駅にも停まらず、井の頭線乗換駅の明大前にすら停まらない地下線とするという計画が発表された（図0-2）。これはまったく理解できないものであった。このような計画で立ち退きを強いられることはとうてい納得できなかった。高架化する事業主体は京王電鉄ではなく東京都であるということも多くの住民にとって初耳だった。説明会では東京都に加え、世田谷区、杉並区、渋谷区、京王電鉄の職員たちが説明者席に並んで座っていた。

このように不合理で、何ら現状の環境問題を解決しないばかりか悪化させる二線高架二線地下計画に反対し、四線地下化を求める住民運動が立ち上がるのは必然であった。住民は、今回の計画を調べれば調べるほど不可解なことに満ちていて、さらに現行の法律や制度も不合理なものであることが分かってきた。

素案が明らかになって以来、地下化を求めて様々な働きかけを行政やマスコミなど各方面に行ってきたが、二〇一一年三月には東日本大震災が発生し、今回の計画に係る『環境影響評価準備書』の説明会が延期されるという事態も発生した。東北新幹線の橋げた崩壊でも分かるように高架橋被害が甚大にもかかわらず、行政当局はそのような非常事態発生を無視して、震災前に作られた計画に何の変更も加えず計画を強行しようとしてきた。これには住民はあきれるどころか命の危険すら覚えるようになった。

住民の各方面への訴えにもかかわらず、今回の計画は都市計画審議会で承認され、二〇一四年二月には二線高架二線地下案のまま事業認可された。そこで住民たちは、万やむを得ず裁判に訴えてこの不当な事業認可を取り消し、四線とも地下化するよう、計画の変更を求めた。

裁判で初めて分かったことも数多くあった。例えば、今回の計画で、先行工事で施工した高架線の杭が、後日施工する地下線のトンネルの予定されている空間をふさぐ結果になり、トンネル施工時に障害となる部分は「アンダーピニング工法」と言われるシールドマシンによる「杭切り工法」で行い、作ったばかりの高架橋の杭をすぐに切るという、過去に例を見ない不合理な工法が使われることである。また、住民説明会や都市計画審議会、事業認可に使われる設計は個別の具体的条件に合わせた設計ではなく「標準的設計」で行われ、個別の設計は事業認可後に詳細設計で行えばよいという都市計画審議会のおざなりな検討や、設計変更認可をだれが審議し認可するのかはあいまいで無責任な体制になっている事実などである。

沿線住民は、「今時、世田谷の住宅地で連続立体交差化と複々線化をするならば、地下化が良いのに決まっている。それなのになぜ二線高架二線地下というバカげた計画がなされるのか」という疑問にかられて、行政当局の説明会に出席した。しかし、疑問は解消されるどころかますます深まり、その範囲も広がるばかりだった。沿線住民は本書に記載されているように最初から問題をきれいに整理して臨んだわけではない。いろいろな疑問にぶつかるたびに、ネットや図書館などで調べ、情報開示請求を行い、議員や行政の長に面談し、有識者たちから教えを請い、また説明資料を作るときにどのようにすれば分かってもらえるのかと悩み、さんざん苦労してきた。そのような過程を経て「連続立体交差化・複々線化事業」は、その意思決定の経緯や関連する法律・制度など、知れば知るほど複雑で多岐にわたる多くの問題があることが分かってきた。住民に分からせないようにするため、あるいは究明や追及をあきらめさせるために、わざと計画や制度を複雑にしたとすら思えてくるほどである。

本書のように問題を整理できるまでには、二〇〇九年に行われた素案説明会から数えて、一〇年近い年月にわたる地を這うような努力の積み重ねが必要であった。教科書通りに学ぶ学問とは異なり、住民が体当たり的に問題を把握していった経緯は次のようなものであった。

(1) 二〇〇九年の素案説明会では、「住民はさんざん現在の京王線の騒音・振動に悩まされてきたのに、これらを解消する地下化という構造方式があるのにもかかわらず、なぜ今時、環境を破壊する高架線を作るのか」「素案は『都市高速鉄道第一〇号線 京王電鉄京王線の連続立体交差化・複々線化および関連側道計画等について』というタイトルだが、『都市高速鉄道第一〇号線』とはいったい何なのか」「都市計画を変更するという説明会だが、それならば変更前の都市計画はどうだったのか」「高架四線、地下四線、高架二線地下二線案の比較は正しいのか」などなど多くの疑問がわいてきた。

(2) 二〇一一年に行われた環境影響評価説明会では、「三・一一大震災の後なのに震災前に作られた計画案の変更が無く、防災の説明もないのはなぜか」「地下案と比較した環境影響評価をなぜ行わないのか」などをはじめとして、多くの疑問がわいてきた。

(3) 工事説明会では「地下二線が消えた高架二線のみの説明図が掲載されているが、地下二線はどうなったのか」など、これまた疑問だらけの説明会であった。

(4) その背景にある法的・制度的な仕組みとして学んだのは、線増連続立体交差事業の仕組みを決めている「連立要綱」である。正式には「都市における道路と鉄道との連続立体交差化に関する要綱」及びその細則の「都市における道路と鉄道との連続立体交差化に関する細目要綱」である。[注3] ちなみに「連続立体交差事業」、「連続立体交差化」という言葉は、しばしば「連立」と略称される。この「連立要綱」の前身は、一九六九年（昭和四四年）九月に建設省と運輸省との間で締結され、一九九二年（平成四年）三月に国鉄の分割民営化を受けて改定された「都市における道路と鉄道との連続立体交差化に関する協定及び同細目協定」（いわゆる「建運協定」）である。[注4] この「建運協定」、「連立要綱」およびそれについて書かれたものを見ていくと、「連立事業」が駅前広場を作り、道路を二本以上通すという要件を満たさなければならないことが規定されている。すなわち、「連立事業」が道路のための都市計画として行われることや、多くの税金を投入し建設されるにもかかわらず、建設された構造物の多くは鉄道会社のものになるということ、「建運協定」が高度成長時代という時代背景と当時の技術条件から高架化を念頭において、経済成長のために作られた制度であることなどが見えてくる。ここに京王線に係る今回の計画の根源があることが分かる。

「連立事業」が都市計画事業であることを認識するにつれ、都市計画、都市計画法の内容や問題も学ぶようになった。そこで分かったことは、都市計画については、残念ながら住民の声が反映するような仕組みとはなっていないことである。

京王線連立問題については、京王線と並行して走る小田急線の連立複々線化と比べることが有効だった。高度経済成長期には増大する道路需要や鉄道輸送需要への対応として連続立体交差化や複々線化が時代の要請であった。この時代の要請に対処する制度的仕組みとして先に述べた「連立要綱」のほかに一九八六年（昭和六一年）制定の「特定都市鉄道整備促進特別措置法」があった。これは「特特法」と略称されることもあり、輸送力増強工事を行う際の資金の調達方法として最大一〇年間、運賃の一〇％を限度に工事資金の積み立てを認める法律であった。[注5]この「連立要綱」と「特特法」を利用して小田急電鉄は連立と複々線化を実施し、二〇一八年三月に完成した。それには構想五〇年、着工から三〇年という年月を要したのである。

一方、京王電鉄は当時、用地買収の困難などから「特特法」を利用した複々線化は実施せず、車両の長編成化で鉄道需要に対処した。[注6]当時は今回の計画区間である笹塚～つつじヶ丘間は連続立体交差化も実施しなかった。電車の長編成化に伴い踏切の閉まる時間も物理的に長くなり、開かずの踏切の一つの要因になったと言える。このような他社との違いや歴史的経緯の知見を、四線地下化による開かずの踏切早期解消と騒音などの環境改善を望む住民の期待にどうつなげていくかが現下の課題になっている。

二〇〇九年の素案説明会から二〇一一年の環境影響評価説明会の間には東日本大震災があったことは先に述べた通りである。折しも、二〇一一年は環境影響評価法が改正された時期であった。環境影響評価説明会は事業の基本的な諸元が確定した段階で行う事業アセスメントの一階梯であった。その時、地下方式と高架方式を比べて環境アセスメントを行えば地下方式の優位は明白であるのに、なぜ意思形成過程（戦略的な段階）で行うべき戦略的アセスメントを行わないのかと、住民たちは環境アセスメントの問題点も提起していった。都市計画審議会はさぞかし立派な委員により立派な審議が行われると思っていた。ところが審議を傍聴すると都市問題とは無縁な多摩奥地の村長が委員に居たり、学識経験者の多くは採決に欠席したりしていた。ある弁護士の委員は「個人的に通勤に不便だから上でも下でもどちらでもよいからサッサと踏切解消してくれ」と発言していた。商店会の副会長は「二線高架二線地下案に反対しているのは土地の値上がりを狙っている人だ」などと不規則発言すらする始末であった。都市計画審議会の委員は行政当局が選ぶ仕組みになっている。行政案が否決されるような委員構成にするはずが無いことを実際の傍聴を通して実感したのであった。

この都市計画は公共事業として行われるが、住民は「都市計画の公共事業性を誰が何をもって判断するのか」と疑問を持った。日本国憲法は、私有財産権を保証するが、公共の利益となる事業すなわち公共事業の遂行のため、土地収用制度を設けている。ここで問題なのは公共事業の公共性について、何をもって誰が判断し決定するかである。「誰が」に関しては国家のみが公平に正当に土地所有者に対する制限行為である都市計画をできるとし、この国家の意思は間違いなどなく、当初目的の達成まで継続されるという「無謬」「不変」という考え方がある。都市計画は国家高権（すなわち、国家がそして国家のみがこれを決定する権力を有する）の発動であるという考え方である。しかし地方分権、市民参加が当然とされる現在、そして技術の進歩が著しく法律制定当時には想像できなかった安価で優れた技術が出現する現在、中央集権的かつ「無謬」「不変」という考え方は根本的に改めなければならない。

さらに公共事業という言葉に見られるように「公」と「共」はひとくくりにされることが多い。しかし、「「公」と「共」は本来異なる概念である。公権力という言い方はあるが、共権力という言い方がないことでもわかるように、「公」は組織に基づく統治の場の考え方であり、「共」は個人をベースとした、みんなに基づく生活の場の概念である。「都市計画」から「居住環境中心のまちづくり」への流れは、「公」から「共」への流れと合致する。新しい公共として公共事業のあり方の見直しが必要である。公共性を行政の独占から解放して「共」の役割が見える、言わば「みんなの都市計画」が必要なのである。

そうは言っても、都市計画は法律や土木など多方面に関係し、専門性を必要とする分野も多く、利害関係も複雑で、地域住民は「素人」ではないかとされることがある。しかし地域住民は、その地域に居住して生活をしていることで、その地域に居住して生活をしていない行政官や専門家に比べて「地域生活のプロ」なのである。地域住民の意向に関係なく行政によって専決される都市計画ではなく、住民参加型の都市計画においては、素人である住民は行政を含む専門家の決定に口出しするな、であってはならない。

これらの実践を通じて獲得してきた知見や成果は、法律的・制度的な問題や歴史的経緯についての考察を除き、そのかなりの部分を本書の中に納めることができた。まさに知は力なりである。しかし知らぬものの強みと言う言葉もある通り無知もまた力である。問題は京王線連続立体交差・複々線化事業に関する知識の有無、知識の過少ではない。沿線住民の生活実感を基にした住民たちの動きや各方面への働きかけが、本来あるべき四線地下化を実現し、よりよい生活環境を具現化させる道なのである。

3　地下化実現訴訟の会の立ち上げまでの経緯

二〇〇八年八月二七日に〈松原一丁目まちづくりを考える住民の会〉が発足。

松原一丁目は、京王線の連続立体交差事業に加えて、都道放射二三号線という二つの都市計画が同時進行で進んでいる地域のため、住民の声をできるだけ多く集めて意見交換会を行い、情報を共有化することを目的に、町会長同席の下、サラリーマンが参加できるように夜遅い時間帯で毎月一回開催を始めた。呼びかけは、町会の回覧板や掲示板を使用。特に京王線の沿線住民にはチラシを戸別配布した。当初は松原一丁目の住民がほとんどだったが、京王線沿線の立ち退きが心配される方を中心に広域にチラシを撒いたところ、会場に入りきれないほどの方がたが全域から集まるようになった。

二〇〇九年四月には、世田谷区議会公共交通委員会宛てに「京王線の地下化を求める署名」を提出した。〈松原一丁目の街づくりを考える住民の会〉が火種となり、京王線の連続立体交差事業問題が沿線全域に広がった。同年五月、〈京王線地下化実現訴訟の会〉の前身となる〈京王線地下化実現の会〉が結成された。同時に代田橋から烏山まで各支部が結成された。〈松原一丁目街づくりを考える住民の会〉は、明大前支部となって、〈京王線地下化実現の会〉に参加して帰属する形となった。〈京王線地下化実現の会〉は、同年一〇月には東京都都議会議長宛てに「京王線の連続立体化を『地下方式』とすることに関する請願」を行った。

一一月には京王線連立事業・線増線事業の都市計画素案説明会が沿線八会場で開催された。〈京王線地下化実現の会〉は、各会場前で説明会に来た人々に高架化がもたらす被害と〈京王線地下化実現の会〉の次回開催予定を記載したチラシを一人一人に手渡した。閉会後には二線高架二線地下というあまりにひどい東京都案に憤慨して抗議する住民が数多く会場に残っていたので、連絡先を交換して〈京王線地下化実現の会〉に参加を呼びかけた。住民説明会は、意見を同じくする仲間を増やす良い機会になった。

素案説明会によって、環境破壊をもたらしかねない京王線高架化に住民の危機意識は飛躍的に高まった。〈京王線地下化実現の会〉は、京王線高架化問題をきっかけとして緑の街づくりを究極の目標に掲げ、会の名称を〈京王線の地下化と緑の街づくりを進める会〉と変更した。京王線地下化を実現して、より良い街を目指すことを高らかに宣言したのである。

この会の運営方針は次の通りとした。


組織‥

有志による自由な組織のために、会長など役職のしばりはありません。

参加者各々ができる事をできる範囲で行う自発的意思を最大限尊重する活動を行っています。


活動‥

会では、東京都や杉並・世田谷両区に対する請願書の提出、杉並・世田谷両区長に対しての面談による請願、国と東京都に対する署名運動、『環境影響評価基準書』に対する意見書の提出、杉並・世田谷両区区議及び都議並びに各種団体等に対する協力・連携の要請、ブログや活動報告の発行配布などによる広報など幅広い活動を行っています。

また明大前、下高井戸一丁目、上北沢、烏山などの地区単位での活動を行っています。

定例会：

原則として、毎月第三土曜日に定例月例会を開き、情報交換や活動計画をたてています。

主張：

私たちは、京王線の立体交差化を地下方式で行い、その地上部分は歩行者が安心して通行できるみどりの道路とし、震災などの非常時には避難路としても活用できるようにすることを主張しています。

三・一一東日本大震災後の日本では、民主主義のあり方が問われています。住民の計画参加が無いままに、官僚が四〇年以上前の計画を何ら見直しもせず、情報公開もせずにしゃにむに遂行しようとする「主権在官」に今こそＮｏ！を声を大にして言いましょう。

市民の意見、住民の意見を尊重し、住民参加、情報公開の元、安心・安全でよりよい住環境、都市環境を共に創りあげ、次世代に誇れる持続可能な社会を作りましょう。

もちろん沿線住民の中には、会の活動は面倒くさい。会の活動の結果地下化になればそれで良いし、地下化にならなければ活動しただけ損だから傍観している、というフリーライダーや、自分の家は線路から離れているので関係ないからどうでもよい、というＮＩＭＢＹ（ニンビー、英語でＮｏｔ Ｉｎ Ｍｙ Ｂａｃｋ Ｙａｒｄ＝我が家の裏には御免）という方もいる。そのような方もいる中で、〈京王線の地下化と緑の街づくりを進める会〉は地道な活動を続け、多くの住民の理解や支援者を獲得してきた。

しかしながら東京都や世田谷区、杉並区など行政及び京王電鉄は住民の声を無視し計画を強行し続けた。鉄道に付属する街路の都市計画執行は区が担当し、大半は世田谷区に属する。地域住民に最も近い基礎自治体である世田谷区がこの異常な都市計画に対して鉄道付属道路を決定しなければ、東京都案の抜本的見直しにつなげることも可能であった。しかし二〇一二年八月一日には、世田谷区都市計画審議会で東京都案を前提とする付属道路を区の案通りに、一名を除いて、賛成多数で都市計画決定してしまった。

〈京王線の地下化と緑の街づくりを進める会〉は保坂展人世田谷区長とも何回か面談し、地下化を求める住民の声を伝えてきた。しかし、かつて国会議員時代に〈公共事業チェック議員の会〉の事務局長も務めたこともある世田谷区長は何ら先頭に立った動きをすることなく、基礎自治体の責務を放棄したかのように、審議会決定後、東京都案を前提とする区長意見書を提出したのみであった。

さらに二〇一二年九月四日には、東京都の都市計画審議会で原案通り都市計画決定がされてしまった。その審議では、住民の意見はどうなのかという審議委員の質問で、意見書二八三八通中二三九四通が高架化に反対していることが明らかになった。実に八四％の住民が高架化に反対しているのにもかかわらず、原案通り都市計画決定してしまったのである。

前後するが二〇一一年九月三〇日に烏山区民会館で行われたこの都市計画事業に関する都民の

声を聞く会では、一七名の住民の意見が述べられたが、高架化に賛成する住民はわずかに二名であり、一五名は高架化に反対し、地下化を求める意見であった。その高架化賛成の二名は地主と商店会の会長であった。高架化事業でどこに利益・利権が発生するのかまさに如実に示していると言えるのではないだろうか。

このような圧倒的な住民の声を無視する行政に対し、四線地下化を実現するために、沿線住民有志は裁判に訴えて行政決定を取り消すことを求めることにした。そのために、沿線住民有志は〈京王線の地下化と緑の街づくりを進める会〉の考えを引き継ぎながらも、法廷への提訴、裁判の勝利を目指して二〇一三年一月に〈京王線地下化実現訴訟の会〉を、新たに立ち上げた。

〈京王線地下化実現訴訟の会〉は、訴訟の理解を求めるとともに賛同者を募るため、裁判説明会を何回か開催した。その結果多くの原告、支援者を集めることができ、また共感できる弁護士とも巡り合えて、二〇一四年二月二八日に東京地裁に事業認可権をもつ国を被告として事業認可差止を提訴した。この動きを察したかのように、同じ二月二八日に本都市計画が事業認可されたので、訴訟を事業差止訴訟に変更して現在に至っている。

4　住民の声

以下に、法廷や都民の意見を聞く会で述べられた住民の声をご紹介する。

図0-3　高架首都高速４号線と高架京王線に挟まれる谷底の狭隘地区

作図：にかわピン

(1)　狭隘地区の騒音と防塵について（原告意見陳述書より）

京王線の北側わずか一〇〇mの所は、鉄道に並行して国道二〇号線（甲州街道）が通り、その上には首都高速四号線の高架道路が通っています。私の住んでいる下高井戸一丁目地区は、この京王線と首都高速の高架道路に挟まれた地域です。

今回の京王線高架計画が実施されると、両高架の谷底地区となり、電車と車の複合騒音にさらされてしまいます。この様な地区は、全国でも他にありません。

現状でも電車の通過時には、騒音でテレビが聞こえなくなり、会話も出来なくなります。電車の風圧や振動で家は揺れ、食器は音を立てて揺れます。沿線住民のアパートでは、この騒音や振動のため、家賃を値下げさせられました。この騒音や振動に対して、京王電鉄や東京都から補償は一切なく、住民は防音工事や建物の補修の自己負担を強いられてきました。

夜間の保線工事の音や、始発電車の音では安眠が妨げられ、健康に良くありません。日中でも電車の突然の警笛で、赤ん坊が泣きだし困っている主婦もいます。騒音による健康障害はＷＨＯ（世界保健機関）などの報告の通りです。

高架計画では一駅ごとに各駅停車の待避線があり、分岐の継ぎ目ではロングレールなど使えず騒音振動は必ず発生します。高架化に伴い上方向、遠方への騒音悪化は東京都も認めています。東京都の言うロングレールや防音壁で高架化騒音を防ぐなどは全く空論です。

電車の粉塵もひどいです。現在、沿線で車を駐車させておくと、電車の巻き上げる粉塵で、一日で汚れてしまいます。高架になれば、上から粉塵が降ってきます。（以下略）

(2)　景観、ヒートアイランド化について（同前）

世田谷区在住の○○と申します。私は、いま七八歳になります。

都の「環境影響評価準備書」には「連続立体交差化により、鉄道により隔てられていた地域の一体化を実現する」とあり、高架鉄道の完成予想図が掲載されています。

同書説明文には、「千歳烏山３号踏切は除却され、新たな高架構造物が出現する。連続立体交

図0-4　高架鉄道の完成予想図

出典：「環境影響評価書」東京都、2012年、385頁（高架構造物の輪郭線を補強した）

差化により眺望は変化するが、関連する側道が整備されることにより、周辺状況と一体となった景観が生まれる」と書かれています。

この金網とコンクリートの壁の予想図を見て、高架構造物の北側と南側が一体化され、素晴しい景観が生まれると感じる人は都のお役人だけです。

コンクリート高架橋の夏場の温度上昇は一〇度にもなるということも聞きましたが、法律にないため環境評価を行わないとのことでした。なぜ都は、高度防災環境都市を目指すと宣言しながら、高さ一〇m前後、全長八kmを超える長大なコンクリートの構造物を作ってヒートアイランド化を促進し、高いところから騒音をまき散らそうとするのでしょうか？

(3) 電車騒音（二〇一一年九月三〇日の都民の意見を聞く会より）

Aさん

電車騒音ですが、近所の八〇歳のおじいさんから「生きている間に電車騒音の無い暮らしをしたい、土地の買収費用で京王線沿線から逃げ出したい」との話を聞きました。ここには重要なポイントがあります。

一つ目は京王沿線住民がいかに電車騒音に長年にわたって悩まされてきたかです。八〇歳の方が「生きている間に電車騒音の無い所で暮らしたい」という、この悲痛な叫びがそのことを訴えています。二つ目はこのおじいさんが「高架の京王線から逃げ出したい」と訴えていることです。住環境が悪化する高架沿線に人は住めないと考えている点です。

私自身は京王線から三mの所に住んでいます。二〇一一年八月一八日に京王線の騒音と振動を朝七時から九時まで自宅で測定しました。騒音は六〇〜七〇dBであり、静かな住宅地の四〇dBとは程遠い状態です。電車の本数は七時台が上下合わせて四四本、八時台が五七本、九時台が四五本です。電車は一〇両編成ですから、朝のこの時間帯は一時間ほとんど切れ間なくこの騒音が続いています。一方震動は五八〜六三dBで、震度一から震度二の揺れが常に続いています。エアコンを止めて窓を開けては暮らせません。サッシを閉めても電車が通るとテレビの音は聞こえません。生きている間に鉄道騒音の無い所で暮らしたいという、冒頭の八〇歳の老人の叫びは私や、沿線住民の叫びでもあります。

九月二一日台風の日は何年ぶりかに静かなひと時を過ごすことができました。なぜなら台風で京王線が止まったからです。電車騒音の無い住宅地がいかに静かか経験できるのは、自然災害以外では人身事故で京王線が止まる時だけです。

Bさん

現在の私の住居は、線路（レールと車輪の発生音源）から約一四・五mのところにあります。当家は線路の南側に当たります。来客時、玄関のところで話をすると、大声でどならなければ聞き取れない。こういう状況です。そのように騒音が大きくなっています。現場に来て皆様、話をしてみてください。住宅の中で線路から離れた南側の部屋でさえ、電話、テレビの音量を最大ぐらいにしないとよく聞き取れない騒音であります。来所してテレビを聞いてみてください。特に、上り下り電車が同時に通過するときは更に大音響となり、身体的苦痛、耳・頭・胸までもが、毎日定時的間隔で一〇〇回から三〇〇回ぐらいあることから、受忍の義務をはるかに超えたものと思われます。

当地で木造モルタル住宅に在住しておりましたけれども、太平洋で小さな舟に乗っているように、揺れ、騒音がひどかった経験がございます。しかも、私の家はＲＣ（鉄筋コンクリート）に自費でしましたが、振動はやや小さくなった傾向にあります。しかし、騒音は前記のように大きく、自分の費用を投じて二〇年以上もこの騒音に我慢をして、公的に苦言も言わないで暮らしてきました。その世田谷区の一都民であります。

(4) 地震防災について（同前）

三・一一大震災後の今、防災を真正面から評価すべきなのに、この計画ではそれがなされていません。あれだけの大震災を経験し、首都直下型地震が現実の問題となったにもかかわらず、三・一一以前の計画を一言一句変えずに出してくる東京都建設局は一体何をやっているのでしょうか。深い憤りを覚えます。

三・一一後に行われた住民説明会では、「地下も高架もどちらも法律にのっとり安全にする」との抽象的な説明と、福島原発で六mの津波に対応すれば良いと言い、現在の重大な事故を引き起こした元凶ともいえる土木学会の東北地区鉄道被害調査、それも中間報告にすぎない資料を持ち出して、安全だと説明されました。スライド一枚で安全だ、安全だという説得力の無い大合唱では、不信感が募るばかりで、とても住民が納得できるものではありません。高架と地下の耐震指標をきちんと出して住民を納得させるべきであるし、それにかかる費用は各々いくらなのかきちんと算出するのが、大震災後の取るべき姿ではないでしょうか。

住民説明会の質疑では阪神大震災を実際に神戸で経験された方が、高架高速道路が倒れた経験を元に話され、南側にも橋げたが倒れても大丈夫なように道路を作るべきだと指摘しました。さすがにこの時には、役人もごまかしはできず、世田谷区鉄道立体・街づくり調整担当課長が「その用地は個別に住民から買収しますが、その費用は二線高架二線地下案のうち、高架工事の建設費二二〇〇億円とは別費用で、二二〇〇億円のうちに含めない」と答弁しました。これらは高架案二二〇〇億円、地下案三〇〇〇億円という積算が極めて恣意的に行われ、内訳に何を含め、何を含めないか操作し、かつ情報公開していないということを示しています。[注7]

(5) 高架下の治安悪化（同前）

高架橋の下というのは荒廃します。どのように利用されても荒廃していきます。犯罪、荒廃の原因国となります。南側の住民にとっては側道がありません。したがって、駐車場や駐輪場が住宅に隣接して、防犯の観点から見て非常な不利益を被ります。警視庁の発表によりますと、犯罪の四割は駐車場、駐輪場で発生しています。また、空き巣も駐車場、駐輪場の隣接住宅で起こる率が非常に多いです。側道がないためにそういったような駐車場、駐輪場と隣接することになります。

実際、府中から東府中を歩いてください。高架下がどんなに怖いか。どんなに空疎か、腐敗しているか。外国のように金歯を盗られるほどではないかもしれないけれども、でも本当に怖いですよ。

注

注1「京王電鉄京王線（笹塚駅～つつじヶ丘駅間）連続立体交差化及び複々線化事業　環境影響評価書」東京都、二〇一二年九月、五頁、「図二―二―二　事業計画図」

注2「京王線仙川―笹塚間の立体交差化事業で施行者決定」『日経コンストラクション』二〇一六年二月一〇日

注3　国土交通省「連続立体交差事業等による踏切対策の実施」http://www.mlit.go.jp/toshi/toshi_gairo_tk_000020.html

注4「踏切すいすい大作戦　連続立体交差事業における費用負担等について」http://www.renritsukyo.com/02FumikiriSuisui/overpass_01.html

注5「鉄道用語の基礎知識」特定都市鉄道整備促進特別措置法　www.wdic.org/w/RAIL/

注6『京王電鉄五十年史』京王電鉄株式会社広報部編　京王電鉄一九九八年、一四五～一四九頁

注7　東京都が現在発表している事業予算は、既存の地上二線を高架化する先行工事分のみであり、その費用は二二〇〇億円としている。この先行工事をもし地下化すれば、三〇〇〇億円を要するというのが東京都の説明である。その後の地下二線工事の費用は、発表していない。

第1章　問題の発生と経過

1　東京西郊の通勤路線

(1)　大都市の発展と沿線地域の広がり

日本の人口は、明治維新の時点では約三四〇〇万人であり、以後一五〇年後の今日は約四倍になった。就業比率は、第二次世界大戦直後までは第一次産業就業者がほぼ五〇％であったが、以後急速に第二次産業・第三次産業へシフトしていった。第二次産業・第三次産業は、大都市に工場や事務所を持つことが多いので、人々は都市圏へ集住する割合が多くなったといえる（表1－1）。

東京圏では、明治の末から大正の初めにかけて、山手線の外側と郊外を結ぶ私営鉄道が次々と設立され、周辺の田園地帯に通勤者のための住宅地が開発されていった。たとえば、大田区田園調布の土地分譲が始まったのは大正一二年（一九二三年）のことであった。

そして、戦後一九五〇年代以降、新たに首都圏へ流入した人々は郊外にマイホームを建てて都心のオフィスへ通う生活を選び、通勤圏の沿線住民人口が急激に増えた。都心から放射状に延びる鉄道網は、分刻みの運転を行い、それでもラッシュアワーの混雑率は二〇〇％を超えることが普通になった。一九六〇年の中央線快速の混雑率は二七九％に達するなど、通勤客に耐え難い苦痛と危険を与えるまでになった。

表1-1　日本の人口と就業比率

年次	人口（千人）	就業比率（%）			大学進学率	
		第1次産業	第2次産業	第3次産業	短大	大学
800（平安）	5,506					
1150（平安）	6,837					
1600（慶長）	12,273					
1721（享保）	31,279					
1872（明治5）	34,806					
1910（明治43）	49,184					
1925（大正14）	59,736	52	20	26		
1935（昭和10）	69,254	47	23	29		
1947（昭和22）	78,101	48	22	29		
1960（昭和35）	93,419	33	29	38	3	8
1970（昭和45）	103,720	19	34	47	7	17
1980（昭和55）	117,060	11	34	55	11	26
1990（平成2）	123,611	7	33	59	12	25
2000（平成12）	126,926	5	30	64	9	40
2005（平成17）	127,768	5	26	67	7	44

出典：『世界大百科事典』「百科便覧」平凡社、1988、P.96
厚生省人口問題研究所：「総人口および人口増加：1872 ～ 2005年」
http://www.ipss.go.jp/syoushika/tohkei/Popular/Popular2007.asp?chap=1&title1=%87T%81D%90l%8C%FB%82%A8%82%E6%82%D1%90l%8C%FB%91%9D%89%C1%97%A6

通勤距離も同心円状に広がり、かつての新興住宅地もさらに外側にできた新興住宅地からの通勤客を乗せた列車の通過区間となり、過密ダイヤの通勤列車の騒音に悩まされる人口過密のマンションの町になった。さらに、通勤距離の長い路線では、複々線化して遠距離をノンストップで走る急行と、各駅停車の二種類の列車を走らせるようになって、騒音を受ける頻度もひっきりなしという悲惨な状況になった。

他方、自動車の普及が進み、かつての農道が舗装道路にな

表1 - 2　JR中央線の4線化と立体交差化の進展過程

1933年（昭和8年）	御茶ノ水・飯田町間4線開通し、東京・中野間に急行電車の運転を開始
1962年（昭和37年）	中野・三鷹間複々線化工事起工式
1966年（昭和41年）	中野・荻窪間4線高架完成
1969年（昭和44年）	荻窪・三鷹間4線化完成
2007年（平成19年）	三鷹～国分寺間で高架下り線完成
2009年（平成21年）	西国分寺～立川間で高架下り線完成 三鷹～国分寺間で高架上り線完成

出典：東日本旅客鉄道株式会社八王子支社「中央線の歴史」
https://www.jreast.co.jp/hachioji/chuousen/history_chu/h_03.html

り、時々遮断機が下りて荷車を遮っていた踏切が、徐々に開かずの踏切になった。その結果、戦後の都市計画の主要テーマのひとつに、鉄道と道路の立体交差化が加わった。初めは幹線道路だけが対象であったが、町々の生活道路を分断する多数の踏切が「町を分断するもの」として指弾され、鉄道線路と道路の間を連続立体交差化することが求められるようになった。

(2)　東京西郊の鉄道連続立体交差の進展

その典型例を、東京の新宿から真西に走るＪＲ東日本の中央線を例にとって見ると、表1 - 2のようになる。一九六〇年代に中野から荻窪に至る間の四線高架化を急速に進めたことが分かる。それは、当時の都市近郊鉄道に求められた輸送力増強と折からのモータリゼーションとの調和を図る典型的な発展形態として喧伝された。

京王線はＪＲ中央線とほぼ並行して、その南側を甲州街道沿いに新宿と八王子を結ぶ私鉄である。一九一〇年（明治四三年）

に京王電気軌道株式会社が設立され、一九一三年（大正二年）に笹塚～調布間を、一九一六年（大正五年）に新宿追分（現在の新宿三丁目付近）～府中間を開通させた。その後、一九二八年（昭和三年）にようやく新宿～東八王子（現在の京王八王子）間を開通させた。戦後の一九七八年（昭和五三年）には京王新線（京王線の複々線区間の増設別線である新線で、新宿駅～笹塚駅間三・六km）を地下に敷設して、都営地下鉄新宿線との直通運転も開始した。

(3)　多摩ニュータウンの出現

一九五〇年代に本格化した高度経済成長は、首都圏をはじめとする大都市圏へ、地方の若者を加速度的に流入させた。表１‐１に見るように、就業構造が大きく転換し、余剰となった全国の農村人口が大都市圏へ流入し、東京都には年間三〇万人の人口増を発生させた。増え続ける流入人口に対して新たに住宅を提供するための無政府的な宅地開発のスプロール化に脅威を感じた建設省および東京都は、公営住宅の建設を重点施策とする一方で、都心から三〇km圏の農業・林業地帯を新たに買収して、三〇万人規模の住宅地開発を公的部門で計画的に進めることにした。一方、対象地域にあたる南多摩丘陵地域の山林や農地の所有者たちは都市化の波が徐々に押し寄せ、農業の兼業化が本格化しつつあったことも相俟って、東京西部地区の開発に対する大きなうねりを形成し、多摩ニュータウン開発を実現させていった[注1]。

当初のニュータウン構想は、単なる住宅提供のみを目的とするのではなく、職住近接を基本にしたまちづくりの視点を強く打ち出し、首都がその周辺に独立機能を持つ衛星都市を配して、機能分散した広域都市圏を構想していた。けれども、経済優先の日本社会では、ビジネスチャンスが都心集中になりがちであり、なかなか従業員のトータルな生活環境を改善する方向に向かわなかった。今日多摩ニュータウンが、ベッドタウンの一つとして経年劣化に苦闘していることもその未成熟な都市観念の結果といえよう。

ともあれ、東京西郊の多摩丘陵地域の開発が進み、聖蹟桜ヶ丘・高幡不動の地域に新しい郊外住宅地が広がった。さらに、一九九〇年（平成二年）に、調布─橋本を結ぶ相模原線が全通して、東京の西南郊に位置する多摩ニュータウンの交通を小田急電鉄と分け合う形となった。[注2]

⑷　将来の都市形態と京王線の役割

このように見てくると、東京都心の姿も郊外の多摩ニュータウンも、現在が完成形ではないということである。第4章3で述べるように、鉄道の寿命は、地下化すれば二〇〇年以上の寿命がある。京王線を取り巻く環境もまだまだ変わる要素がある。

たとえば、一五〇年前の明治維新の時期に東京および日本の人びとの生活と環境、そして交通事情が今日のようになるとはだれも予測できなかったであろう。それは将来の京王線の耐用年数の間にも起こることである。

京王線沿線に関係する東京の市街地拡大の例を拾ってみよう。

ア　江戸明暦の大火（一六五七年）の後、江戸本郷元町（現在の文京区本郷一丁目）にあった諏訪山吉祥寺の門前町が焼失した際、幕府は吉祥寺の門前の住人をはじめとし、居住地・農地を大幅に失った者たちに対して、武蔵野市東部を開墾して移住させた。折しも玉川上水が開通して新田開発が可能になった武蔵野台地の五日市街道から玉川上水の分水である千川上水に至る区間を与えた。その地を住人たちは吉祥寺村と名付けた。今日京王電鉄井の頭線の終点である。

イ　一九二三年（大正一二年）の関東大震災は、首都圏に死者一〇万人、住居焼失者二〇〇万人をもたらした。[注3]その直後に、私鉄沿線の田園地帯に開発された新興住宅地に移り住む人の波が起こった。典型的なものが東横線沿線の田園調布であるが、ほぼ等距離の各沿線に新しい住宅団地が形成されていった。首都直下型のＭ７クラスの地震の発生確率は、今後三〇年間に約七〇％だと内閣府が発表している。[注4]そのような事情を考えれば、現在の人口の都心回帰傾向から再び郊外への分散に転じる時期も再来する可能性がある。

ウ　第二次世界大戦中の東京大空襲で東京は焼け野原になった。郊外へ疎開した人々がそのまま周辺部へ定住するなどして、東京圏が広がり、結果として私鉄沿線の住宅エリアが拡大していった。

エ　一九五〇年代以降の高度経済成長に伴い、調布・府中・立川といった以前からの行政中核都市の人口が増えるとともに、多摩ニュータウン、横浜市の港北ニュータウンなどの行政による意図的な住宅団地開発が活発に行われた。

そのような過程を経て、現在は規制緩和による都心部における新高層ビル群建設が進行している。しかし、このことは、防災上も、子育て環境の点でも、人々の総合的な生活環境を改善しているわけではない。二〇〇年超といった時間のスパンで考えれば、いずれ、何かのきっかけによって逆向きのベクトルが働くこともありえよう。また、IT技術が進歩すれば、都心のオフィスビルに集中して働くことの必然性がなくなる可能性もある。

また、多摩ニュータウンを貫く京王相模原線の終点は橋本にあり、リニア新幹線の神奈川県駅に直結する。そうなれば、新宿と橋本を結ぶ路線は新たな需要に応える必要が生じる。また過去を遡れば、この地域は、東京湾沿岸地域とは別の北関東と南関東を結ぶ独自の産業エリアとして発展した歴史がある。今多摩都市モノレールや圏央道が開通してインフラが整いつつあり、今後新たな先進産業の進出を迎えて、計画時に描いていた職住近接都市としての発展が望めないわけではない。

戦後高度経済成長期に、多摩ニュータウンや鉄道計画に携わった人たちがすべてを見通せなかったように、数百年単位の交通便益に供する鉄道計画においては、さまざまな未知の要求が潜んでいよう。それらに応えるための余裕を十分に含ませておくのが、公共社会インフラ事業を企画するものの役目であろう。

2　踏切解消のための鉄道高架計画

京王線の連続立体交差化と複々線化事業は、二〇一二年に東京都により都市計画決定された。連続立体化の区間は笹塚〜仙川間の約七・二kmで、現在の線路を高架化することによって二五カ所の踏切を解消する計画である。この事業年度は二〇二二年度までを予定している。もう一つの複々線化は、同時に行うのではなく、それから何年か後として、実施時期を明示していない。

鉄道の高架化は、都の道路事業として行うという名目のもとに、費用の八五％を国と都などの行政機関が負担する。主要な目的は開かずの踏切解消という道路交通の改善に主眼が置かれたものである。[注5]電車の輸送力倍増を実現するためにはさらに二線を加える複々線化計画（線増計画ともいう）が必要である。京王電鉄が、後段の複々線化計画のスケジュールを曖昧にしているのは、その費用が全額京王電鉄の負担になるという事情が背景にあるとみられる。つまり、古いルールを改訂していないために「地下化」という新しい選択肢が検討対象に組み込まれないシステムになっている。

新宿を起点として、京王線と同様な地理的条件をもって多摩ニュータウンの南縁を縫うのが小田急線である。小田急電鉄は、代々木上原から登戸の間の区間の複々線化事業をすでに一九八九年から着工しており、二〇一八年三月に完工した。[注6]そして、下北沢駅付近や成城学園駅付近は地下化している。都市化の度合いが似ている京王線の笹塚～仙川の区間を地下化することを避ける意味が理解できない。

3　市街地における高架鉄道の弊害と地下化の使益

現在の京王線は地上を走っているが、その騒音は現時点ですでに環境基準を上回っている。高架化されてマンションの三階あたりの高さを走るようになったら、遮蔽物が減る分だけ騒音は大きくなり、環境基準をはるかに超えてしまう。

また、高架鉄道と地下鉄の地震に対する耐震性を比較すると、地下鉄の方が圧倒的に強い。東日本大震災の折には、東京都内の地下鉄はその日のうちに運転を再開したが、近郊の地上線や高架線が何日も不通であったことは記憶に新しい。火山の噴火に対する防災効果も地下鉄の方が圧倒的に丈夫である。鉄道を支えるコンクリートの寿命も、地下鉄は二〇〇年超、高架鉄道は半分の一〇〇年余（五〇年前に施工済みの区間の耐用期間は五〇年しかない）と予測される。

建設費用は、地下鉄も高架鉄道も、近年はほとんど差がなく、今日新たに建設される都市部の鉄道は、地下化されることが多い。

他方、鉄道を地下化することによって従来の軌道面が都市の空間として新たな用途に開放されることは、限りない便益を生み出す。そのことは先行して地下化された京王線調布駅周辺で如実

図1-1　地下化完了後の調布駅周辺
出典：「調布駅付近連続立体交差事業」京王電鉄
https://www.keio.co.jp/train/chofu/area/index.html

に示されている。

調布駅、布田駅、国領駅の地下化事業は、二〇〇三年度から二〇一四年度にかけて行われ、いずれも駅周辺に広々とした空間が広がり、線路が占めていた地上空間が隣の駅まで見通せるようになって、見違えるような開放感を醸し出している。いずれの駅も地下化された鉄道の上部空間を利用して新たな駅前広場を整備しつつある。もちろん、電車の姿も音も感じることなく、新しい商業空間・生活空間として活気づいている。その社会的効用は計り知れない。

現在問題にしている笹塚～仙川

図1-2　地下化完了後の布田駅周辺
出典：「調布駅付近連続立体交差事業」京王電鉄
https://www.keio.co.jp/train/chofu/area/index.html

図1-3　地下化完了後の国領駅周辺
出典：「調布駅付近連続立体交差事業」京王電鉄
https://www.keio.co.jp/train/chofu/area/index.html

間は、国領駅と新宿駅の間を結ぶ、もっとも市街や道路が輻輳しているところである。市街化の時期が新しい相対的に密集度の低い区間でさえも、鉄道地下化の効用が顕著に見て取れるのに、より密集度の高い区間を地下化することなく高架化して、今まで見えていた上空の空間を遮り、その上に、頻度を最大限に増大した鉄道列車が建物三階の軒先をひっきりなしに走るという光景と比較すると、その差は沿線住民にとって天国と地獄に相当する。都市環境を好転させる千載一遇の好機を台無しにしている現実は、私たちの社会の最大の不幸である。

4　複々線化先送りの疑い

東京都は高架二線（都の事業）と地下二線（京王電鉄の事業）を都市計画としてセットで決めたのに、京王電鉄は未だに地下二線の建設を経営決定していない。[注7] 国と東京都などの地方自治体が費用の八五％を負担する高架工事だけを行って、自社が費用を負担する地下二線をやめることを目論んでいるのではないかと疑われる。もし、そのことを正式に表明すれば都が打ち出している都市計画が不成立になるので、そのことを表明することなく、うやむやにして先送りしているのではないだろうか。

一方、東京都は「地下二線は京王電鉄に任せている」というだけで我関せずの無責任を決め込んでいる。[注8] 都の「京王電鉄任せ」は地下二線だけではない。都の事業であるはずの高架二線の設計、施工についても京王電鉄に丸投げ状態で、市民が資料開示請求を行った際に「都は設計図を持っていない」との回答であった。さらに一連のやり取りからうかがえるのは、都は京王電鉄の言い値で工事費を支払う姿勢である。しかも、高架下などの新たにできるスペースの八五％を費用負担のわずかな京王電鉄の所有とする制度である。

5　鉄道や道路を地下化することが時代の趨勢であることは明らかである

一九七〇年代以降、地下鉄や道路トンネル、地下下水道など、トンネル工事が全国で広範囲に行われ、シールドマシンが格段に普及した。近年は大深度地下鉄や、アクアラインのような海底トンネルも珍しくなくなった。地下化のコストも大きく縮小している。

地下化による地上利用の経済効果も大きく、都市部の鉄道増強工事においては地下化が一般的な基調になっている。

例えば、小田急線の下北沢駅付近、京王線の調布駅付近も地下化が実施された。

西武新宿線でも、東京都が事業主体となり、中野区と西武鉄道が連携して、西武鉄道新宿線の中井駅付近から野方駅付近までの約二・四㎞について鉄道を地下化し、道路と鉄道を連続的に立体交差化する工事が行われている。この事業により、七カ所の踏切を除却し、交通渋滞が解消するとされている。

他の都市でも、横浜市の相鉄線の二俣川から西谷駅間も地下化で立体交差事業が進められることとなった。

仙台市の仙石線も市内は地下化されている。

福岡市の市営七隈線も地下建設が実施されている。これらの地域は京王線沿線地域に比べても、人口密度が低い地域である。

北海道新幹線の札幌駅を含む都市部も地下化にする計画である。

いまや、都市部で人口密集地域の立体交差事業は、地上高架ではなく地下化で実現することが時代の趨勢となっているといえる。

表１-３に、近年の都市における立体交差化事業において、地下化を選んだ例を挙げる。

京王線沿線に比べて、はるかに人口密度が低い横浜市、仙台市及び福岡市においても地下化を選んでいる。むしろ、古い既定計画がないだけに、現時点での最適な選択を公平に行っているのかもしれない。

横浜市交通局の判断について、筆者らは関心を持って調べてみた。

相模線の西谷駅―二俣川駅間二・七㎞の「開かずの踏切」解消のために、地下化を決定した。新聞報道によれば、事業の概要と、高架化ではなく地下化を選択した意思決定の動機は次の通りである[注9]。

表1-3　地下鉄建設／計画区間の人口密度比較表

区市名	人口密度（人/km²）	駅区間	人口（人）	面積（km²）	データ出典
東京都京王線					2017年1月1日現在 東京都総務局統計部 www.metro.tokyo.jp
渋谷区	15,041	笹塚	227,268	15.11	
世田谷区	15,748	代田橋～千歳烏山	914,148	58.05	
杉並区	16,744	八幡山	570,302	34.06	
調布市	10,781	仙川～つつじヶ丘	232,656	21.58	
三鷹市	11,520	（つつじヶ丘近傍）	189,158	16.42	
横浜市相模鉄道					2018年1月1日現在 横浜市統計ポータルサイト www.city.yokohama.lg.jp
保土ヶ谷区	9,469	西谷駅	206,575	21.81	
		↕（地下化）			
旭区	7,497	二俣川駅	245,756	32.78	
仙台市仙石線					2018年1月1日現在推計人口と動態 仙台市公式ホームページ www.city.sendai.jp
青葉区	10,030	あおば通（既設）	311,043	30.2	
		↕（接続）			
宮城野区	3,371	仙石線地下化区間	196,184	58.19	
福岡市市営七隈線					2017年11月13日現在統計情報 福岡市公式ホームページ www.city.fukuoka.lg.jp
博多区	7,504	博多駅	237,383	31.63	
		↕（工事中）			
中央区	12,529	天神南駅	87,904	15.4	
		↕（既存区間）			
城南区	8,227	七隈駅	131,565	15.99	

表1-4　行政手続き経過表（都市高速鉄道10号線、京王線都市計画）

No.	年月	イベント	ドキュメント	発行者
1	1946年12月7日	東京復興都市計画高速鉄道網5路線101.6km告示	告示第252号	被災復興院
2	1968年9月	八幡山駅高架化を認可・決定		
3	1969年5月20日	調布～住吉間、地下及び高架式の都市計画を告示	告示第2430号	建設省
4	1970年7月10日	八幡山駅高架化完成		
5	1985年7月11日	運輸政策審議会、「東京圏における高速鉄道を中心とする交通網の整備に関する基本計画について」	答申第7号	
6	2000年1月27日	運輸政策審議会、「東京圏における高速鉄道を中心とする交通網の整備に関する基本計画について」	答申第18号	
7	2009年3月	「京王京王線（代田橋～八幡山駅付近）連続立体交差事業のための事業調査及び関連調査報告書」作成	2009年調査報告書	東京都京王電鉄
8	2009年11月	都市計画素案（前項「報告書」）の説明会	同上	同上
9	2010年1月	「環境影響評価方法書」の作成、住民の意見募集	左記「方法書」	同上
10	2011年1月	「環境影響評価準備書」の作成	左記「準備書」	同上
11	2011年5月	都市計画案及び「環境影響評価準備書」説明会		同上
12	2012年8月1日	世田谷区都市計画審議会、側道、駅前広場などを都市計画決定		世田谷区
13	2012年9月4日	東京都市計画審議会、京王線線増立体事業計画の都市計画を決定		東京都
14	2012年11月	用地測量説明会		東京都 京王電鉄
15	2014年2月28日	京王線都市計画事業を事業認可		東京都
16	2014年7月～8月	用地補償説明会		東京都 京王電鉄
17	2016年2月	事業及び工事説明会		同上

作成：「京王電鉄京王線（笹塚駅～仙川駅間）の連続立体交差事業及び牽連する側道整備について」東京都・世田谷区・渋谷区・杉並区・京王電鉄、2016年2月などを参考に、筆者らがまとめた。

総事業費は高架化にすると約五九〇億円。一方、地下化の工事費は約七四〇億円と約一五〇億円高くなるが、地下化を選んだ。

その理由として、

ア　地下化は高架化より工期が七年ほど短い。

イ　地下化にした場合は高架化より、撤去できる踏切が二カ所多い。

ウ　地下化のほうが今後のまちづくりの自由度が高まる。

林文子市長は、二〇一八年一月九日の記者会見で、「地域の市民の利便性や安全・安心が確保でき、防災面でも効果が高い事業となる。周辺の道路整備や再開発、沿線の民間投資の誘発など非常に高い経済効果が期待できる」と述べた。

さらに筆者らは、横浜市の担当部局に電話でヒアリングした結果、次の回答を得た。

ア　構造的には8号踏切と9号踏切の部分を高架にすると保土ヶ谷バイパスの更に上を通さなければならず、この部分は地下化するしかない。

イ　高架にすると土地を購入するのに莫大な金と時間がかかる。地権者との調整に多大な労力が必要になる。つまり、工事費のみの比較では地下化が割高であるが、土地買収費とそれに付随する人的負担を含めたトータルで考えると、合計費用は少なくなる。

ウ　北口側で新しいまちづくりを考えようという市民の動きがあり、地権者や住民がいろいろ検討している。鉄道を地下化することで計画の自由度が高まり、まちづくりに　寄与できる。

エ　地下化は初期投資が高くなるが、上記の動きの中で良いまちづくりにつながれば、長期的にみれば高架より投資効果が大きくなる。

6　都市計画決定手続きと不備

⑴　都市計画決定手続き

国および東京都の都市計画策定手続きは、戦後の目まぐるしい社会変動を受けて、戦争直後からたびたび改訂されながら、進められてきた。その経過を表1‐4に示す。京王線の立体交差化が具体的に企図されて今日につながるのは、一九七〇年（昭和四五年）ころである。いわば、現在の計画は、その時代の沿線環境や技術水準を踏まえたもので、以後およそ半世紀の社会的変化および市民参加の要請を踏まえていない。むしろ、その間に、さまざまな利害関係者の思惑がこびりついて、新しい合理的な考え方を排除する方向に傾いたと言えよう。

⑵　二〇〇九年報告書の「黒塗り」

東京都と京王電鉄株式会社は二〇〇九年三月、「京王線（代田橋駅～八幡山駅付近）連続立体交差事業のための事業調査及び関連調査」を実施し、この調査に基づいて都市計画決定を行ったと

図1-4　黒塗りページの例

④用地費集計表

1)-1　4線並列高架案（Ⅰ期）

駅名称	延　長	区　間			用地費	鉄道用地			関連側道用地			付替道路等用地		
					事業費	単価	面積	金額	単価	面積	金額	単価	面積	金額
					億円	千円/㎡	㎡	億円	千円/㎡	㎡	億円	千円/㎡	㎡	億円
笹　塚				3k934m										
中間部	235m	3k934m	～	4k169m										
代田橋	330m	4k169m	～	4k499m										
中間部	545m	4k499m	～	5k044m										
明大前	363m	5k044m	～	5k407m										
中間部	433m	5k407m	～	5k840m										
下高井戸	353m	5k840m	～	6k193m										
中間部	660m	6k193m	～	6k853m										
桜上水	476m	6k853m	～	7k329m										
車　庫	0m													
中間部	276m	7k329m	～	7k605m										
上北沢	331m	7k605m	～	7k936m										
中間部	260m	7k936m	～	8k196m										
小　計														
八幡山	497m	8k196m	～	8k693m										
中間部	330m	8k693m	～	9k023m										
芦花公園	342m	9k023m	～	9k365m										
中間部	401m	9k365m	～	9k766m										
千歳烏山	336m	9k766m	～	10k102m										
中間部(取付)	1006m	10k102m	～	11k108m										
小　計														
合　計	7k174m			51374㎡	716									

＊補償費率分　（代田橋～明大前間の水道局用地、上北沢～八幡山間の松沢病院用地には補償費は含まない）

出典：「京王京王線（代田橋駅～八幡山駅付近）連続立体交差事業のための事業調査及び関連調査　報告書」東京都・京王電鉄、2009年3月、p.5-4

している。

二〇〇九年報告書は、この立体交差事業に関して複数の計画を選定して、その利点や不利益を分析したレポートであり、都市計画事業の立案の基礎をなす報告書である。しかし、この報告書は都市計画決定の変更まで、費用計算の大部分が黒塗りとされ、きちんとした情報公開がなされなかった。

このことは、沿線住民が地下計画と高架計画のコスト比較を行うことを困難にしていた。黒塗りが除去された報告書があれば、公聴会でもより具体的な意見を述べることができたが、このような情報の秘匿によってそのような機会が奪われてしまった。

この種の公共事業の土地買収価格を行政当局が黒塗りして市民の目から隠すことが、事業の透明性を失わせ、事業関係者など業界人のインサイダーの間の利権の温床になることを、原科幸彦氏が鋭く批判している。氏は国際影響評価学会（ＩＡＩＡ）会長も務めた環境アセスメントの第一人者である。

　買い占めは、密かに計画の意思決定がなされ、それが公開されず特定少数の人だけが知っているときに生ずる。これは、いわゆるインサイダー情報である。情報公開がないからインサイダー情報が生まれる。もし、計画の確定していない段階で情報が公開されても、どこに立地するかわからないのだから買い占めなど起こらない。また、自分の土地に立地するかもしれないということが公開されていれば、地主は土地を手放さない。計画段階の情報が公開されず、しかも、特定少数者だけが情報を知っているからこそ、土地の買い占めが起こるのである。その結果、行政などの公共主体は高い土地を購入することになり、社会に大きな損失を与えることとなる。[注10]

この度の京王線の高架化計画も五〇年前に計画されて、社会的技術的背景が大きく変化しており、論理的に考えれば地下化に変更しても何ら客観的にマイナスになることはない。むしろ、以下の各章で詳述するように地下化した場合の便益の方が圧倒的に大きい。それにもかかわらず、行政当局が頑として計画変更を受け入れないのは、すでにインサイダーたちの利害が既得権益化しているせいではないだろうか。

(3) 無視された住民の意見

高度経済成長時代の一九六九年に都市計画決定された四線並列高架案の連続立体化交差化事業は、静穏に、また災害に強いまちに暮らしたいという沿線住民の生活の権利に対する配慮を欠いたものであり、折からのモータリゼーションに適合するように、踏切除却のみを目的とすることに関心が集中していた。その後時代が大きく変わり、用地買収にかかる現実的な期間の問題や、工事用地が環境側道（日照、通風、採光のために高架橋の北側に沿って設ける空き地）にかかる問題、日照権問題などをクリアするために、東京都と京王電鉄は、この計画を変更し、二線高架・二線地下併用方式という姑息な計画にして今日に至る。

さらには、この都市計画決定に際して住民から提出された意見書は、八割以上の圧倒的多数が高架計画に反対していた。すなわち、意見書数二八三八件のうち二三九四件（約八四％）が反対した。[注11] また、二〇一一年九月三〇日に開催された公聴会においても、意見を述べた一七人中一五人（約八八％）が反対した（序章3参照）。このように圧倒的に多数の民意は高架化に反対だったのである。しかし、住民の意見は、都市計画決定に全く反映されず、旧来の高架計画での都市計画決定が踏襲され、強行されたのである。

このような都市計画決定の決定手続は法の趣旨に反しており、これに基づく事業認可も違法なものとして、住民たちは二〇一四年二月に、東京地方裁判所に対して、事業認可の差止請求訴訟を提起した。

(4)　事業認可手続きの不備

都市計画法は、都市計画事業認可の基準の一つとして、事業の内容が都市計画に適合することを掲げている（六一条）。

都市計画法は、都市計画について、健康で文化的な都市生活及び機能的な都市活動を確保すべきこと等の基本理念の下で（二条）、都市施設の整備に関する事項で当該都市の健全な発展と秩序ある整備を図るため必要なものを一体的かつ総合的に定めなければならず、当該都市における自然的環境の整備又は保全に配慮しなければならず（一三条一項柱書き）、鉄道や道路などの都市施設について、土地利用、交通等の現状及び将来の見通しを勘案して、適切な規模で必要な位置に配置することにより、「円滑な都市活動を確保」し、「良好な都市環境を保持」するように定めることとしている（同項一一号）。もちろん、都市防災の要請もこれに含まれていることは明らかである。[注11]

東京都の〈二線高架二線地下併用案〉では、第3章以下に論じるように、環境の面でも、防災の面でも、都市施設たる道路、都市高速鉄道が、「良好な都市環境を保持」することにならない。東京都の〈二線高架二線地下併用案〉では、輸送計画の観点から、都市施設たる都市高速鉄道が、「円滑な都市活動を確保」するということも満たされない。

都市計画法は、都市計画の案を作成しようとする場合に、公聴会の開催等、住民の意見を反映させるために必要な措置を講じるものとし（一六条一項）、都市計画決定をしようとするときは、あらかじめ、その旨を公告し、当該都市計画の案を縦覧に供さなければならない（一七条一項）。このことは、示された住民の意思を尊重・反映することが手続的に要請されていることを示している。

しかし、公聴会並びに意見書において示された八割以上もの住民の反対意見を無視するなど、手続的にも公正な検討がなされていない。

注

注1　細野助博・中庭光彦『オーラル・ヒストリー　多摩ニュータウン』中央大学出版部、二〇一〇年、四頁
注2　矢島秀一『京王線・井の頭線　街と駅の一世紀』アルファベータブックス、二〇一六年、四頁
注3　「一九二三関東大震災第二編」中央防災会議、二〇〇八年
http://www.bousai.go.jp/kyoiku/kyokun/kyoukunnokeishou/rep/1923_kanto_daishinsai_2/index.html
注4　「首都直下地震の被害想定　対策のポイント」内閣府　中央防災会議
http://www.bousai.go.jp/kaigirep/chuobou/jikkoukaigi/03/pdf/1-1.pdf
注5　「京王『開かずの踏切』日本最多を返上できるか」『東洋経済』二〇一六年六月七日
注6　「複々線化事業」小田急電鉄　http://www.odakyu.jp/company/business/railways/four-track-line/
注7　二〇一七年一二月現在
注8　「東京都と京王電鉄がたわけた『踏切解消事業』」『FACTA』二〇一七年二月号、八八頁
注9　「二・七キロ地下化へ　『開かずの踏切』解消」『毎日新聞』二〇一八年一月一二日
「横浜市、相鉄線の西谷―二俣川駅間を地下化」『日本経済新聞』南関東・静岡版二〇一八年一月九日
注10　原科幸彦『環境アセスメントとは何か』岩波新書、二〇一一年、一九五頁
注11　第一九八回・東京都都市計画審議会議事録

第2章　京王線高架化の騒音予測

1　当事業区間における騒音の現状

この鉄道複線化事業区域の騒音の現状は、世田谷区給田（第一種低層住宅地域）で長年にわたり調査が実施されている。東京都環境局在来線鉄道調査結果報告では、最大値（ピーク値）は表2-1のとおりである。

これによれば、騒音源から水平距離一二・五m地点においてすべての調査で六〇dB（デシベル）を超えており、水平距離二五m地点では五四〜六二dBとなっている。しかも、一見、時代が下るにつれて改善されているように見えるが、平成二〇年度（二〇〇八年度）は一六年度（〇四年度）に比べて速度が大幅に落ちており、実質的な改善の兆しは見当たらない。むしろ、速度や列車本数といった運行条件のわずかな変更によって、五dB程度の相違は容易に現れるものであり、将来的にその程度のばらつきが発生することを計画の中に織り込んでおくことは当然である。

同様に、東京都が作成した「環境影響評価書」によると、堀割・盛り土区間（仙川〜つつじヶ丘間のみ）を除いて一二・五m地点で昼間の値は六一〜七五dBとなっている。[注1]さらに同評価書によれば、列車からの騒音はピーク値（最大値）で七五dBを超えており、等価騒音レベル（多数の自動車や電車などからの騒音のように時間的に大きく変動する騒音レベルを評価する指標。測定時間内の騒音のエネルギーを時間平均したもの。LAeqで表わす）でも、六〇dBを超えている。

表2-1　京王線の騒音測定データ

	12.5m地点（dB）		25m地点（dB）		速度	列車本数
	LAeq	最大値	LAeq	最大値	(km/h)	（昼／夜）
平成16年度	64	77	54	75	88	598/100
平成18年度	67	79	62	74	80	606/107
平成20年度	62	74	59	76	78	597/106

東京都環境局　鉄道騒音騒音振動調査結果
https://www.kankyo.metro.tokyo.jp/air/noise_vibration/result/railway_noise/index.html

このＬＡｅｑで六〇dBとは幹線道路に面する地域に適用される環境基準であり、静穏とは言い難い当面の政府目標である。

また、世界保健機関（ＷＨＯ）では、環境騒音に関するガイドラインが作成され、表２‐２が推奨されている。つまり、五五dBを超えたら「うるさい」ということである。そして、現在の京王線の日常的な騒音は、表２‐１の通りで、ＬＡｅｑで六〇dBを超え、最大値で七五dBに達しており、著しい騒音環境にあるということがわかる。

それでは、高架化して防音壁を設置すれば、それが満足なレベルに低下するのだろうか。東京都の「環境影響評価書」の代表的な地点における現況値と予測値は、図２‐１のように示されている。

電車の中心線から水平方向一二・五ｍ離れた北側、地上三・五ｍ高での現況値（測定値）と、将来高架化後の予測値を示している。およそ五dB程度改善して、どうにか許容基準値とほぼ等しくなるといっている。しかし、騒音は、何らかの遮蔽物の陰であるかどうか、といったわずかな条件で三dB程度のばらつきがある。そして、表２‐１について触れたように、列車の速度によって五dB程度のばらつきが発生する。そのように考えると、高架化軌道の側面に防音壁を

図2-1　東京都「環境影響評価書」による現況値と予測値

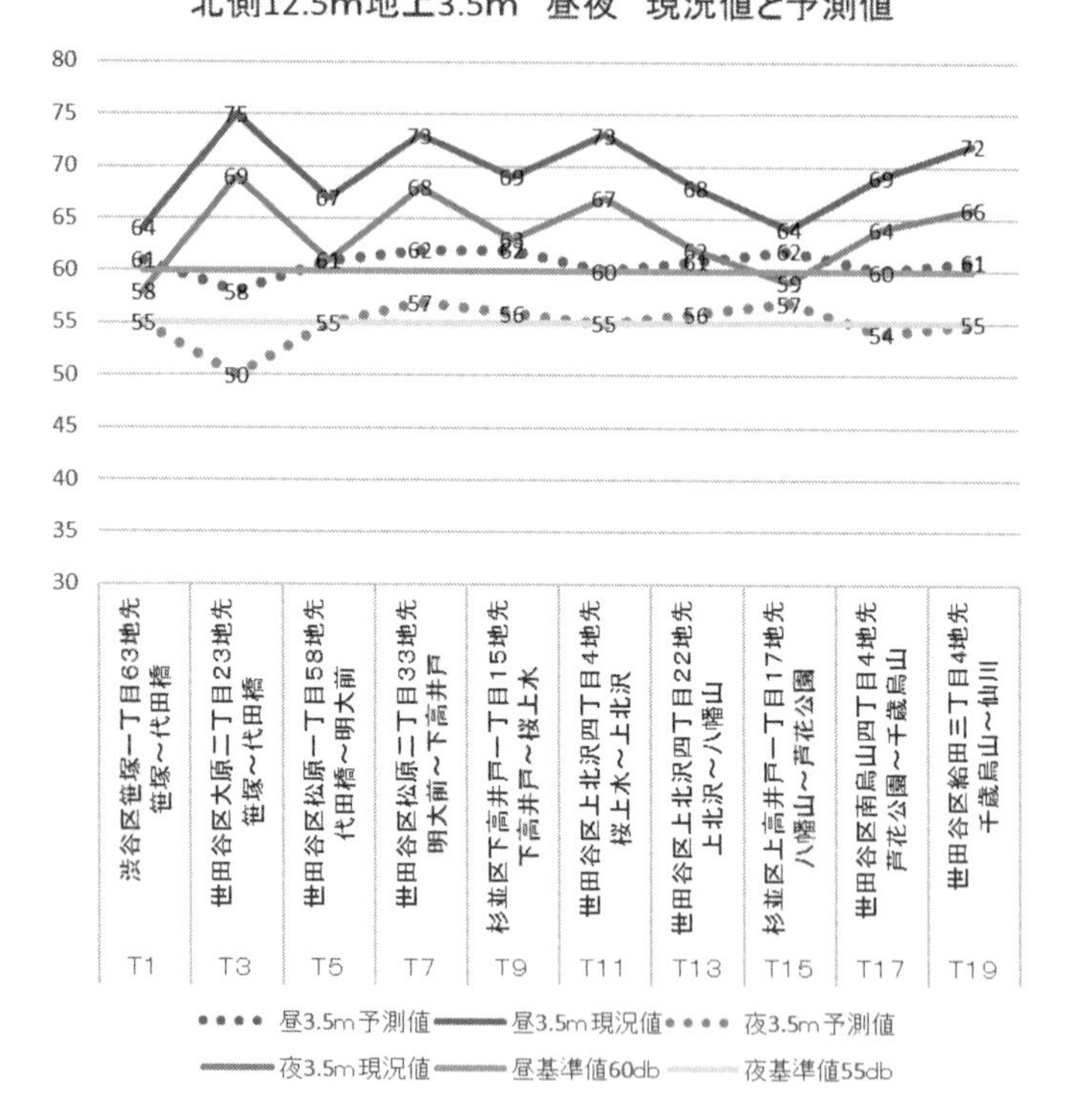

表2-2　世界保健機関（WHO）による環境騒音に関するガイドライン

区分	健康影響のおそれ	LAeq
住宅地の屋外	かなりの程度のうるささ（昼・夕）	55
	中程度のうるささ（昼・夕）	50
個人住居、室内	明瞭な会話・中程度のうるささ（昼・夕）	35
寝室、室内	睡眠妨害（夜間）	30（45）
寝室の外	睡眠妨害、窓開け（屋外での値）	45（60）

WHO : Guidelines for community noise,（1999）
http://apps.who.int/iris/handle/10665/66217
（　）内は最大値

設けるとしても、現状からの大きな改善は期待できない。むしろ、将来の列車の運行条件の方が支配的な影響を及ぼすことは目に見えている。路線や駅の施設全体をを大きく作り直す機会に、ほとんど改善が期待できない設備更新を計画することは、あまりに非生産的である。

京王線の騒音の最大値がしばしば周辺住民の苦情の原因になっていることは序章に引用した通りである。会話が困難になる、電話やテレビの聴取が困難になる、睡眠が妨害される、などが常態化している。この最大値は列車の速度が大きければ大きくなり、速度に強く影響されることから、最高速度の制限要求に直結する。したがって、現状でこのように高い騒音値を記録している実態からすると、将来鉄道の高速化や増便を望むことができず、むしろより強い制限が加えられることは必然である。

すでに述べたように、鉄道の寿命は一〇〇年を優に超えるものであり、将来さらに強い利便性の要請が発生する可能性も高い。構造上、騒音発生のありえない地下化を選択することこそが今後の一切の憂いを無くする道である。

2　騒音測定・予測結果の評価

東京都が作成した「環境影響評価書」によれば、予測検討した地点において、暫定対策指針を満足したとしているが、いずれもギリギリ六〇dBとなっており、基準を本当に満たすことができるかどうかには大きな疑問が残る。[注2]

個々の住居については、音源側（線路に面する地点）で測定評価することが必要であり、類似の幹線道路に面する地域の騒音測定マニュアルでは、左記のとおり住居の道路に面する側で測定評価することが通例となっている。

平成一七年（二〇〇五年）六月二九日付け環境省環境管理局長発「騒音規制法第一八条の規定に基づく自動車騒音の状況の常時監視に係る事務の処理基準について」別添第二において、「（一〇）騒音発生強度とは、面的評価の対象となる道路の音源より発生する自動車騒音の大きさをいう」「（一二）受音点とは、個別の住居等における騒音の影響を受けやすい面を代表する点をいう」とされており、在来線鉄道騒音についても同様の考え方が求められる。

同評価書の予測方式は、比較的住居が少ない地域での検討における予測式であり、住居が密集した都心部などの予測式としては適切でない。都心部などでは、線路からの距離が同じでも場所により騒音レベルには大きな違いがあり、京王線沿線も同様である。

これらのことから同評価書の予測結果については疑問が残る。

また、結果に対する評価にも問題がある。

環境影響評価においては、①現況より悪くしてはいけない、②環境基準等が設定されている場合はそれを遵守することが前提となる。今回の測定結果は、在来線鉄道騒音の暫定指針（環境基準に類するもの）を超過するか、またはギリギリの値であり、決して望ましい状況にはない。現計画のままでは悪化の防止も改善も望めない状況と言える。よって今回のような大規模な鉄道線路改造工事を好機ととらえて、抜本的に地域の騒音問題の解決が図られなければならない。その意味で地域住民との合意形成が求められており、地下化という有力な手法がありながら、課題の多い計画を強行することは、環境影響評価の主旨に沿っていない。

なお、環境基準について、騒音に係る環境基準を答申した生活環境審議会（昭和四五年一二月の第一次答申）では、

①　環境基準は、騒音の影響から人の健康を保護し、さらに生活環境を保全する観点から定められるものである。

②　環境基準は、騒音による公害を防止するための行政目標として定められるものである。

とその特徴について明確に定められている。

つまり、環境基準を最大許容限度とするならば、その限度までは「やむを得ない」ということと

になってしまい、公害・環境政策として後ろ向きであり、きわめて不適切である。また、環境基準を司法でよく使われる「受忍限度」と同じものとするなら、「この限度までは我慢すべき」ということになって、公害・環境対策としてはきわめて消極的といわざるを得ない。優れた環境は、地域住民が当然要求するものであり、科学技術の発展に合わせて、最先端の対策を取るべきは自明の理である。

3 「感覚環境の街作り」

環境省の平成一八年（二〇〇六年）一二月二七日付け「感覚環境の街作り」報告書[注3]では、報告書の「5 分野別検討④：音環境分野について」で、今後の街作りについて報告されている。このなかで、街作りのタイミングは、都市の更新時期に合わせるとしており、在来線鉄道等にかかる環境の改善は、現実的には連続立体化事業などの大規模な改良工事等にあわせて実施するしかないと考えられている。

また、同報告書の「騒音発生源の侵入を防止する街作り」ではインフラ整備（音の発生源の地下への誘導）として、都市更新の機会に地下化を行うとしており、鉄道騒音問題の解決のために、住宅地においては、地下化への対応を下記のように求めている。

「インフラ整備

音の発生源の地下への誘導
騒音の発生を抑制するため、都市更新の機会に鉄道、商業施設の荷降し場等の騒音発生源の地下化を行う。なお、地下化を推進する場合は、それにより創出された地上スペースを緑化する等、地域の環境を総合的に向上させる仕組みを検討することが望ましい」

今回の京王線の場合は、この報告書にまさに合致する事例であり、住宅地域における良好な環境を保全し創造するために地下化は当然のことと考えられる。

在来線鉄道騒音については、環境省の定めた在来線鉄道の暫定対策指針を根拠に種々の検討が実施されている。この指針は、環境基準が設定されていない在来線鉄道騒音について新設や改良での当面目標として前述のとおり環境基準に類するものと定められている。ここにおいては、環境改善の目標として昼間において六〇dB、夜間について五五dBとすることが求められており、今回の工事でも、これら暫定基準の遵守は当然として、長年住民の願いであった「鉄道騒音による環境悪化問題」の解決を図ることが必要である。

4　高架化した場合の個別列車からの騒音の増加

今回のように、鉄道が高架になって住宅地に近接して設置され、急行等が走行する場合を考えると、個々の列車から発生する騒音はかなり高いものと推定される。この場合、近接した中高層建物の高層階では、軌道が建物に接近することや音を遮る隣接住宅による減衰が期待できないことからＬＡｅｑが上昇し、一列車ごとの最大値も上昇すると考えられる。

「環境影響評価書」の騒音の予測評価は、等価騒音レベルの平坦部の予測を元に説明されており、高さ方向に測定点や予測点を広げて検討はされていない。一般に騒音評価については、時間平均値が満足されても、個々の列車騒音（最大値）が大きくなるのは住民にとって生活上我慢ならないものである。形式的に暫定指針は満たせても、多くの住民にとって現況より環境が悪化することが十分に考えられる。

なおＬＡｅｑは、時間平均値（一般には一時間、昼間、一日が使われる）なので、大きな騒音が断続的に発生する場合と平均値程度が連続して発生する場合との区別はなく、同じ値となる。しかし、周辺住民は、断続的な大きな騒音によって「目が覚める、眠れない、テレビ等の聴取が困難」などの重大な影響が生じる。このことから、単にこの指標で表される平均値のみで判断することは適切ではない。

5　高架化すると鉄道騒音が広域に広がる

まず、軌道に接している至近地点では、防音塀等の効果により平坦住宅に対する騒音は若干の改善もあり得る。

軌道から中距離の住宅では、音源の軌道が高くなることから、立ち並ぶ住居等による騒音の減衰効果が期待できず、高架の場合は、地上を走る鉄道に比べて周辺の騒音が上昇すると考えられる。軌道から遠距離の住宅では、さらに地上の鉄道では聞こえなかった騒音が聞こえるようになると考えられる。

高層住宅では、騒音が直接到達して防音塀などの効果が期待できないことは前述のとおりである。特に高架軌道に近い高層住宅では、地上の鉄道に比べて音源の位置が近づくため、深刻な騒音問題が発生すると考えられる。

東京都は、環境影響評価書で地表面での騒音レベルをもって「暫定指針以下で問題ない」としているが、騒音伝播の原理をわきまえない、きわめて粗略な評価である。高架後には広範囲において相当の騒音にさらされる住戸が想定され、現況よりも環境は悪化すると予想される。

騒音の測定において、行政機関等がモニタリングとして、例えば東京都全域の騒音を調査する場合には、一定のルールによる限られた地点での測定にならざるを得ない。そのため、近接軌道の真中から一定の距離において地面からの反射影響を考慮してマイクロホンを一・二～一・五ｍの高さで測定するとされている。しかし、鉄道沿線に居住する住民にとっては、個別に騒音影響が増大するか否かが問題であり、実際に騒音にさらされる住戸の騒音状況が明らかにされなければ意味がない。

6　中高層階での鉄道騒音の悪化

従来の我が国の騒音対策は、平坦平屋建ての住宅事情を反映して検討されてきた。しかし、最近は、都民の七割が集合住宅に生活するように変化していて、騒音についても高さ方向の騒音分布を加味して三次元的に考えることが不可欠になっている。そのため、平成一〇年（一九九八年）五月二二日の中央環境審議会答申では、騒音の環境基準検討に際して幹線道路からマンション高層階への騒音直達について特別な考慮がなされている。今回は、道路と鉄道と発生源は異なるものの、線的な音源からという構造上の状況はまったく同じなのに、東京都はこの問題を無視している。

京王線沿線においても中高層建築物などが増加しつつあり、鉄道騒音の直達が増加することは必至である。これらの中高層建築物への騒音対策は巨大な防音塀の設置が技術的に不可能であることから、住宅地における路線は地下化が望ましい選択となる。市街地に接続する必要のある幹線道路はその利用形態から地下化の困難な場合が多いが、今回のような在来線鉄道では、地下化についての多くの実績があり特別な支障は存在しない。

今回の環境影響評価手続においては、十分に検討がなされてはいないが、「環境影響評価書 資料編」[注4]に若干の予測値が掲載されている。これによれば、地表面一・二mと一五・五mの高さに

表2-3　高さ方向の供用後の列車の走行による騒音の予測結果

No.	場所	項目	等価騒音レベル（LAeg）(dB)：将来線近接側軌道中心線からの距離12.5 m											
			予測高さ											
			1.2 m高さ		3.5 m高さ		6.5 m高さ		9.5 m高さ		12.5 m高さ		15.5 m高さ	
			昼間	夜間	昼間	夜間	昼間	夜間	昼間	夜間	昼間	夜間	昼間	夜間
Th-1	松原一丁目	予測値	58	53	60	54	62	57	66	61	71	66	73	68
		現況値	65	60	68	62	71	65	71	65	71	66	70	65
Th-2	桜上水五丁目	予測値	58	52	60	54	64	58	68	62	72	66	73	67
		現況値	58	52	62	56	65	58	65	59	66	60	68	61
Th-3	上祖師谷一丁目	予測値	59	54	61	56	66	60	72	67	75	69	76	70
		現況値	67	61	71	65	72	66	71	65	71	65	70	64

注1）昼間：7時～22時　夜間：22時～7時

注2）Th-3の将来線近接側軌道中心線からの距離は9mである。

出典：東京都「環境影響評価書　資料編」2012年9月、p.278

ついて比較して、松原一丁目（Th‐1）で五八dBが七三dBに、桜上水五丁目（Th‐2）で五八dBが七三dBに、上祖師谷一丁目（Th‐3）で五九dBが七六dBにと、上層階にいけば、大幅に騒音レベルが上昇する。

環境影響評価において上層階の等価騒音レベルが大幅に増加することが想定されているのに、これを無視するのは到底容認できない。マンション等の四階五階などの住戸では、軌道や列車が直接見えることになり相当の鉄道騒音にさらされ、騒音環境の悪化が予想される。

一方、地下化工事は、最近の技術的発展により容易に採用できるものであり、良好な住宅環境の創造に資することになり、小田急電鉄、西武鉄道などで採用されている。極度に住居が集積されている東京中心部においては、当然必要な選択と考えられる。

7　工事騒音に対する規制

建設作業の騒音は、一般的には一時的なものであることから、騒音規制法においては、表2-4のように規制値が比較的ゆるく設定されている。

工場事業場騒音については、特定施設を有する特定工場等の騒音全体に対して適用される基準で、東京都から表2-5のように告示されている。騒音の大きさの決定方法は、古い手法で四つの変動タイプに区分した方法（測定した値の高い値から五％目の値）が定められており、等価騒音レベルとは基本的に異なっている。

なお、特定施設とは、著しい騒音を発生する機械装置などをいう。第一種区域は特に静穏の保持が必要な地域、第二種区域は住居用に供されている地域、第三種区域は住居用にあわせて商業・工業用にも供されている地域、第四種区域は主として工業等に供されている地域、となっている。

一方、建設作業騒音の規制は、個別の作業単位に適用されるが、騒音の大きさだけでなく作業時間等も含めて規制されるという特色がある。これは、工事（建設作業）騒音は、一般的には、

表２-４　工事騒音の規制値

基準の区分	説　明
騒音の大きさ	敷地境界で85dB以下
夜間または深夜の作業	原則として、１号区域での夜間・深夜、２号区域の深夜の作業禁止
作業時間	原則として、１号区域で1日10時間内、２号区域で１日14時間以内
作業期間	原則として、連続して6日以内
日祭日の作業	原則として、日曜日その他の休日の作業禁止

注：区域の区分

1号区域：第1種・第2種低層住居専用地域、第1種・第2種中高層住居専用地域、第1種・第2種住居地域、準住居地域、近隣商業地域、商業地域、準工業地域、用途が定められていない地域、工業地域のうち学校・保育所・病院・図書館・老人ホーム・幼保連携型認定こども園等の施設の敷地の境界線から80メートルまでの区域

2号区域：工業地域のうち、前号の区域以外の区域

出典：環境省　特定建設作業に伴って発生する騒音の規制に関する基準
https://www.env.go.jp/hourei/07/000050.html

一時的なものなので、表２‐４のように比較的ゆるく規制値が設定されている。

しかし、鉄道高架立体化工事については、従来路線での列車運行を図りながら住宅に近接して建設工事が施工されることになり、近接して工場が設置されたのと同様の状況になる。また、工事は相当長期間にわたることが想定され、オープンスペースで継続的に実施されるので、主な工事が地下で実施される地下化工事とは大きく異なり、周辺住民に多大な影響を与える。

このような長期にわたる高架立体化工事は、一時的とは言い難い建設作業であり、大阪市営二号線工事損害賠償訴訟（平成元年大阪地裁判決）では、「騒音規制法における一時的との理由から比較的ゆるく設定された規制値では不適切であり、工場騒音と同視できる」と判示されている。

表2-5　騒音規制法の特定工場等に係る規制基準

区域	昼間	朝・夕	夜間
第一種区域	45dB	40dB	40dB
第二種区域	50dB	45dB	40dB
第三種区域	60dB	55dB	50dB
第四種区域	65dB	60dB	55dB

都民の健康と安全を確保する環境に関する条例　別表一覧
別表第7 工場及び指定作業場に適用する規制基準（条例第68条関係）P54以降
http://www.kankyo.metro.tokyo.jp/basic/guide/security_ordinance/attachment_list.html

なお、工場事業所の基準を守って、高架式の連続立体交差事業の工事を実施することはきわめて困難であると考えられ、地下化以外には有効な工事の選択はあり得ないと考えられる。ましてや、高架計画の際の工事には一期の高架工事だけで一〇年の期間が必要とされている。長期にわたる工事期間中の騒音被害も危惧され、この点においても地下化とは大きく異なる可能性がある。

8　保守作業による騒音

鉄道騒音は、通常は列車の騒音を対象としており、現在の在来鉄道では騒音対策を含めて深夜の運行は行っていない。レール交換や道床整備等の軌道保守などの保守作業は、鉄道の運行が終了したあとの深夜に行われるのが一般的である。これらの保守作業においては、環境評価の対象である列車以外の保守車両の走行や工事作業騒音が生じることになり、高架の方が地域住民の睡眠に影響を与えることになる。しかし、保守作業による騒音被害は地下化により回避できるものであり、在来線鉄道の利便性向上のためにも鉄道会社としては、環境対策として地下化計画を採用すべきである。

9　複合騒音に対する考慮と評価

複合騒音とは、鉄道騒音と道路交通（自動車）騒音、建設作業騒音と工事用車両走行騒音等などのように、異なる音源からの総合的な騒音という意味である。

これらは、個別の騒音源ごとの測定評価のみでは、適切な騒音評価にならないとのことから、総合的に評価すべきと示しているものであり、常識的には等価騒音レベルの採用が考えられる。

今回の場合は、前述したとおり環境影響評価書によれば鉄道騒音がまったく余裕のないギリギリとなっており、複合騒音を考慮すればより騒音値が上昇して規定値を超えることは十分に予想される。

すでに環境影響評価手続の個別事例において、しばしば環境省意見として複合騒音の評価が求められている。

京王線においても複合騒音について、適切に予測・評価・対策が検討されなければならないし、地下化すれば当然この問題は解消することになる。

10　道路と鉄道の複合環境評価がなされていない

高架の首都高速四号線および地上の甲州街道と京王線との離隔距離は近接している箇所（笹塚から上北沢付近）ではわずかに一〇〇m程度で、中には一〇〇m以下の近接箇所もある。

京王線が高架になると、高架高速道路四号線・甲州街道と高架京王線に挟まれた劣悪な環境が出現する。すなわち、この地域の住民は、高架高速道路四号線・甲州街道と高架京王線の複合騒音による非常な不快感の中で生活せざるを得なくなり、景観上も二つの高架に挟まれた圧迫的な地域になり、大幅に住環境が悪化する上、震災時には避難路の確保ができなくなるなど安全性にも問題がある。

また、東京都の「環境影響評価書[注5]」には、「騒音規制法第一七条第一項の規定に基づく指定地域内における自動車騒音の限度を定める省令」に定める「道路交通騒音の要請限度」を、あたかも許容基準であるかのように記述しているが、これは間違いである。「要請限度」とは、指定地域内の自動車騒音又は道路交通振動がそれを超えることにより、「道路周辺の生活環境が著しく損なわれる」と区市町村長が認めるときに、関係機関などに対し要請を行うことができる限度として、騒音規制法と振動規制法で定められているものである。

このような劣悪環境は地下化では避けられ、道路騒音問題は残るとしても、相対的に良好な環境を享受できることとなる。

11　速度上昇の趨勢

騒音予測では現状でも許容限界を超えていることは、本章1節・2節でみたとおりである。何十年後かに、高速化や増便、あるいは終夜運転を目指したいとき、今よりも輸送力増強を行うことはできない。どのような増強計画であれ、騒音の増大を避けられないからである。

高速化された例では、小田急線の複々線化が二〇一八年三月に完了して、多摩センターから新宿へ向かう通勤急行が、以前より一四分間短縮されて、所要時間が四〇分になった。京王電鉄はこれに対抗して多摩センターから新宿への準特急を最速三八分と七分間短縮するという[注6]。本章1節で見たように、近年は速度が落ちることによって騒音が減少傾向にあるが、それは本来の鉄道の輸送力の競合環境から許容できなくなり、速度を速め、結果として騒音を激化させることになることは明らかである。

もう一つこれと同様の事例があることを紹介する。現行の新幹線の大宮~上野間の速度制限を緩めよという要求である。長野県青木村の北村政夫村長は『日本経済新聞』に「新幹線　大宮~上野間の速度アップを」という次の投稿をしている[注7]。

たとえば、現在、北陸・上越・東北新幹線の上り列車で東京へ向かうと、大宮駅から先は急にスピードが落ちる。一九八五年に大宮から上野に延伸した際、騒音問題を懸念する沿線住民と当時の国鉄が走行速度を時速一一〇km以下にすることなどで和解したためだ。（中略）その後、大宮〜宇都宮間の最高時速が二四〇kmから二七五kmに向上。上越・北陸新幹線の大宮〜高崎間も二四〇kmになったのに比べ、いかにも遅い。（中略）現在約二五分かかる東京〜大宮間が一〇分でも短縮されれば、三新幹線の沿線への効果は大きい。東京駅の能力の問題はあるが、運行本数も増やせるかもしれない。

今後二〇〇年余という長期の供用期間を考えると、社会が大きく変わる可能性があり、それらはすべてを予測しつくせない。しかし、近未来に起こりそうなつぎの二点は考慮に入れておく必要があるであろう。

第一は、東京が国際都市になりつつあり、ビジネスや通信が外国の時間帯に合わせて行われる必要性が高まり、人の移動時間帯も深夜に及び、鉄道の運転時間帯に対する要求も深夜へ延長されることはあれ、決して短くはできないこと。

第二に、リニア新幹線の相模原駅が開業することによって、多摩ニュータウンを貫く京王線の需要が高まる可能性である。すでに相模原市は新駅周辺の広域まちづくりを企画し、そのための予算も計上している。そして、小田急多摩線を唐木田駅から相模原駅を経由して上溝駅まで延伸

する促進事業にも予算配分をしたことが報じられている。[注8]

12　まとめ

環境影響の評価や対策検討については、より早い段階で環境配慮に向けた措置が必要であり、事業の立地・規模等の検討段階よりも上位の計画及び政策の策定段階において環境配慮を組み込む必要がある。これにより、事業アセスメントよりも柔軟な対応と効果が期待され、適切に制度の充実と運用がなされる。

今回の計画では、高架化と地下化という大きな選択肢がある。騒音問題の最終的解決も可能であり、計画・政策の段階での評価として、住民との合意形成をぬきに事業を進めるのは不適切である。

なお、東京地区においては、平坦路線で近郊住宅地と山手線を結んできた私鉄各線が都心の地下鉄網を介して大きくネットワーク化されつつある。これにより、鉄道の大量輸送・高速化など多くの利便を住民に提供するものとなる。この路線増強計画地域には、商工業地域のみならず多くの良好な住宅地が連なっており、引き続きその地域特性を維持すべく、これらの地域の環境に配慮しながら、鉄道の高速化などを計画すべきである。鉄道事業の発展は列車の通過地域の環境対策を合わせながら実施してこそ意味深いのであり、公費を活用する連続立体化事業においては、地域の環境向上における最大のチャンスを有効に活用すべきものである。

注

注1 「環境影響評価書」二〇四頁および二〇五頁の表1‐2、10（1）および（2）
注2 「環境影響評価書」二四六頁の表6‐1‐2、18
注3 同報告書、一三一頁
注4 「環境影響評価書 資料編」二七八頁、予測表3‐2‐64
注5 「環境影響評価書」四六頁
注6 「新宿―多摩 小田急と火花」『日本経済新聞』東京・首都圏経済面、二〇一八年二月二二日
注7 「新幹線 東京―大宮間の速度アップを」『日本経済新聞』二〇一八年一月一九日
注8 「リニア新駅核に街づくり 相模原市が予算案 用地取得など」『日本経済新聞』東京版、二〇一八年二月一七日

第3章　都市鉄道の防災問題

1　現代都市計画と鉄道の防災

二〇一三年一二月に「国土強靭化基本法」（強くしなやかな国民生活の実現を図るための防災・減災等に資する国土強靱化基本法・二〇一三年一二月一一日法律第九十五号）が制定された。同法は前文で述べている。

我が国は、地理的及び自然的な特性から、多くの大規模自然災害等による被害を受け、自然の猛威は想像を超える悲惨な結果をもたらしてきた。我々は、東日本大震災の際、改めて自然の猛威の前に立ち尽くすとともに、その猛威からは逃れることができないことを思い知らされた。

我が国においては、二十一世紀前半に南海トラフ沿いで大規模な地震が発生することが懸念されており、加えて、首都直下地震、火山の噴火等による大規模自然災害等が発生するおそれも指摘されている。さらに、地震、火山の噴火等による大規模自然災害等が連続して発生する可能性も想定する必要がある。これらの大規模自然災害等が想定される最大の規模で発生した場合、東日本大震災を超える甚大な被害が発生し、まさに国難ともいえる状況となるおそれがある。我々は、このような自然の猛威から目をそらしてはならず、その猛威に正面から向き合わなければならない。

この前文から分かるように、同法は二〇一一年三月一一日に発生した東北地方太平洋沖地震（東日本大震災）から得られた教訓を踏まえた内容になっている。

同法制定以降、国土強靭化基本計画は国策となった。

すなわち今後新しくつくられる構造物には、国民の生命を保護し、重要な機能が致命的な障害を受けず、被害を最小化に留めるような性能が求められる。

(1)　土木計画学と防災

現実には、公共工事に決定的に欠落していたのは防災の視点・住民の視点だった。この京王線の鉄道高架計画も例外ではない。

河田惠昭京都大学名誉教授は、「減災」という言葉を提起した研究者としても知られる。同氏は一九九五年一月一七日の兵庫県南部地震（阪神・淡路大震災）発生以前から防災研究に取り組んできた。しかしあの震災で、従来型の土木工学の発想では限界があることを痛感した。震災翌年の一九九六年一〇月、土木計画学研究委員会発足三〇周年記念シンポジウムで、同氏は「土木計画学と防災研究」と題して画期的な講演を行った。それは従来型の土木工学的発想に疑問を呈し、二一世紀の都市防災のあり方について高い見識を示すものであった。

結論として、単に物理的な強度を上げるために耐震基準を改訂しても、それだけでは災害に強いまちはできない。まちの住民の、まちで働く人、遊ぶ人、社会的弱者の視点から、都市や地域を考える土木計画学が必要である、と述べている。同氏はそれ以降、「必ず都市で自然災害が起きる」、「首都直下地震や南海トラフ地震はいつ起きても不思議ではない」と警鐘を鳴らし続けている。[注1]「土木計画学と防災研究」の考え方は本鉄道高架計画にもそのままあてはまる。以下にその要点を述べる。

災害は、外力が社会の防災力を超えたときに発生する。わが国の伝統的な災害対策は、この外力を適切に評価し、構造物で対処しようとするものである。設計（計画）外力を超える力が働くと被害が発生する。したがってわが国では大きな災害が発生すると、設計外力の見直しや設計法の改定が中心的な作業となってきた。

しかし外力の発生は確率的であり、現状では設計外力を超えることが起こる。その事態にどう対処するかについての戦略・戦術は、阪神・淡路大震災までのわが国にほとんどなかった。発生確率と外力の大きさに対し、構造物で対処して被害を抑止する物理的減災しかやってこなかったのが実情である。

一九六一年に制定された「災害対策基本法」は火災と風水害を主な対象としており、やはり予防を中心とした対策だった。この予防が有効であるのは災害が想定通りのシナリオに従って発生する場合である。ところが災害は時代とともに進化する。都市構造が高度化・複雑化すると、都市が、いわば糖尿病的体質となる。それによりどのような被害になるのかが予測困難になる。それはそのまま災害脆弱性の増大につながる。

厚生省（当時）所管の「災害救助法」が制定された一九四七年から災害対策基本法制定に至る一九六一年までの一四年間に発令された災害救助件数の内訳は、火災が六六％と全体の三分の二を占め、ほかの大部分は風水害（三一％）であった。地震はおまけに過ぎなかった。しかも戦後に整備されはじめた区画整理事業の主たる目標は防火だった。

こういう状況下においては、「防災基本計画」の制定では、建築の火災専門家の独壇場となる。土木計画の専門家は防災の埒外に置かれていたのである。阪神・淡路大震災の以前では、「地域防災計画」策定委員会の学識経験者は、一度就任すれば停年まで継続する既得権として占められてきた。災害対策基本法は消防庁が指導的役割を果たし、災害救助法は厚生省の所管であった。したがって防災の問題を土木計画学の立場から議論する社会的要請は希薄であった。

土木計画学の分野が防災に深くかかわってこなかった主な理由の一つとして、阪神・淡路大震災に至るまで、三〇年以上にわたり、わが国には広域的に被害をもたらす巨大災害が発生しなかったことが挙げられる。そのため都市づくりに地震防災の観点を必要とする認識が少なく、特に土木計画学の援用を考えなかった。

さらに官庁の縦割り行政の中に計画の発想が封じ込まれている。官僚はできる範囲を限定してしまい、その中でしか考えない。

公共事業を進める上で、事業アセスメントの前に計画アセスメントがなかった。つくることを前提にまず最初に事業者がアセスメントをする。試験問題を自己採点しているようなものである。その計画が本当に必要なのかどうかという視点が欠落していた。現在のように社会環境が激変する時代にあっては、土木計画学は過去の学問の枠組みを変えていく努力を自らの手で継続しなければならない。そうでなければ確実に陳腐化していく。

「従来型の土木工学」の発想のもとで、単に災害に「物理的」に強いまちづくりを行うことに問題はないのだろうか。社会基盤施設の計画的な整備や耐震基準の改訂などだけで災害に強いまちはできない。それは「部分」に過ぎず、全体とどう拘(かかわ)っているかを考える必要がある。その全体像を求める作業が欠けている。まちの住民の、まちで働く人の、まちで遊ぶ人の、そして社会的弱者のそれぞれの視点からも、都市や地域を考える土木計画学が必要である。

以上のような河田氏の指摘に基づき京王線の鉄道高架計画を見ると、高架化反対が八割以上という圧倒的多数の民意を無視した計画となっている。まさに河田氏の言う「つくることを前提に、単に物理的な強度を上げただけの、防災の視点・まちに住む人の視点が決定的に欠落した計画」そのものである。

これでは「災害に強いまち」はできない。

(2) 高架構造物の脆弱性

わが国のこれまでの地震では、地下構造物に比べ高架構造物のほうが大きな被害を受けている。兵庫県南部地震（マグニチュード7・3、最大震度七）では地下構造物に比べ高架構造物に被害が顕著に現れた。

道路では、阪神高速三号神戸線の高架橋の倒壊や橋桁の落下が発生した。神戸市東灘区においては橋脚が折れ、六三五mにわたり横倒しになった（図3－1、図3－2、図3－3）。

阪急電鉄門戸厄神（もんどやくじん）駅は倒壊を免れたが、線路をまたぐ国道一七一号の高架道路が幅一五m、長さ二五mにわたり落下し、道路上には乗用車などが取り残された。

一方、鉄道の被害は山陽新幹線の新大阪～姫路の八三km区間において、高架橋の倒壊落下が八カ所、高架橋柱の損傷が七〇八本、橋梁の桁ずれが七二カ所であった（表3－1）。

兵庫県南部地震により山陽新幹線の高架橋が倒壊する等の甚大な被害が発生したことを受けて、一九九八年一二月に鉄道土木構造物の耐震基準が強化された。しかし、二〇〇四年一〇月二三日に発生した新潟県中越地震（マグニチュード6・8）では上越新幹線の浦佐～燕三条の六五km区間において、高架橋の倒壊落下はゼロであったが、高架橋柱の損傷は四七本、橋脚の桁ずれは一カ所という被害が発生した。さらに二〇一一年の東北地方太平洋沖地震（東日本大震災：モーメント

右：図3-1　635mにわたって横倒しになった阪神高速3号線。

下：図3-2　落下した阪神高速3号線。

出典：『阪神・淡路大震災航空写真集』アジア航測、1995年

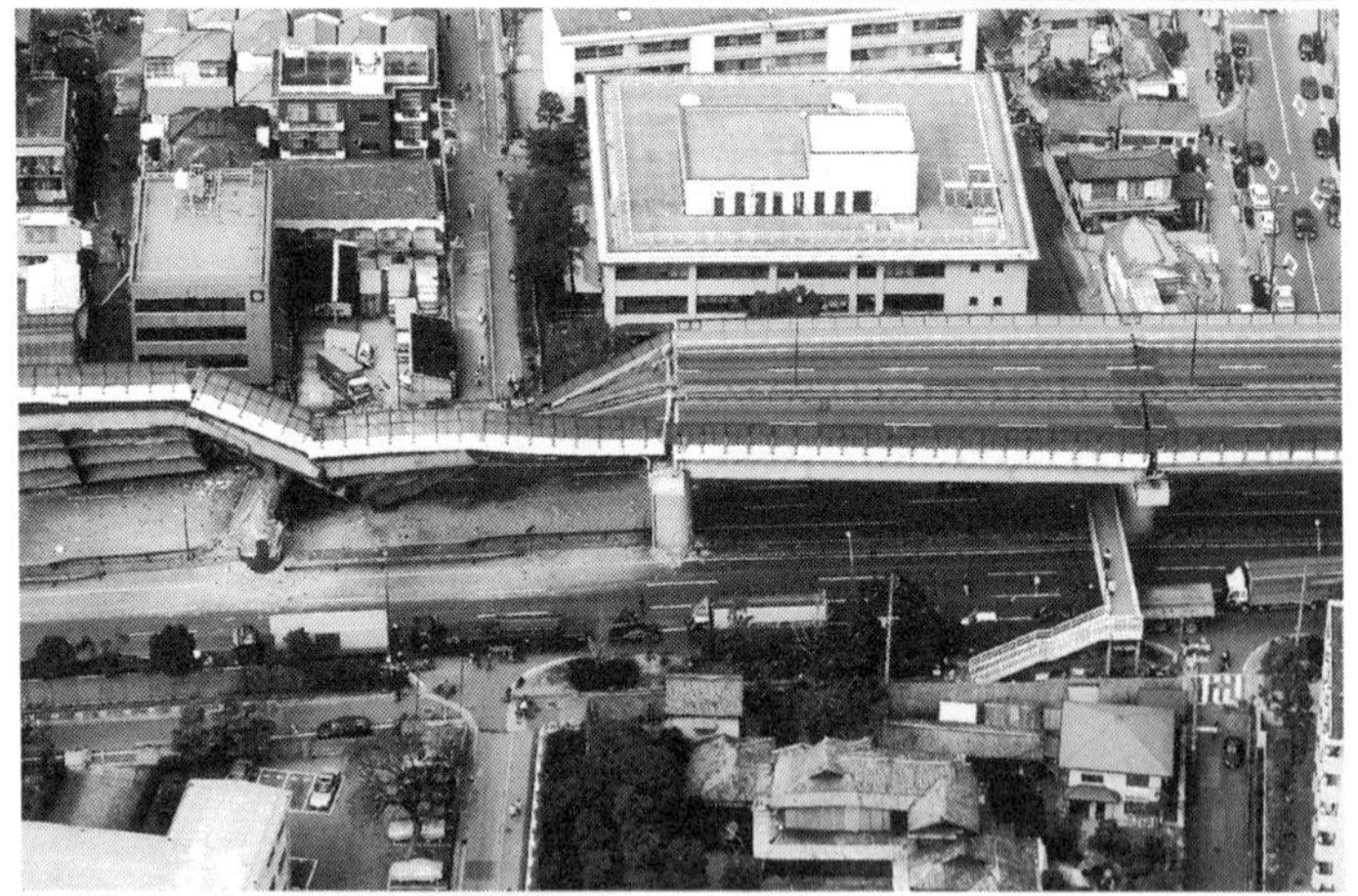

図3-3　阪神高速3号線の折れた橋脚

絵：佐藤和宏

表3-1　主要地震による新幹線の被害の比較

	兵庫県南部地震	新潟県中越地震	東北地方太平洋沖地震
地震の発生時刻	H7.1.17　5：46	H16.10.23　17：56	H23.3.11　14：46
地震の規模 (マグニチュード)	M7.3	M6.8	M9.0 (モーメントマグニチュード)

	山陽新幹線	上越新幹線	東北新幹線
被害を受けた区間	新大阪～姫路 83 k m	浦佐～燕三条 65 k m	大宮～いわて沼宮内 536 k m
営業列車の脱線	なし(始発前に地震)	1列車	なし
死傷者数	なし	なし	なし
倒れた高架橋 落ちた橋梁	8	なし	なし
コンクリートが 剥がれたトンネル	4	4	なし
電化柱の損傷	43	61	約540
高架橋柱の損傷	708	47	約100
変電設備の故障	3	1	約10
橋梁の桁ずれ	72	1	2
地震発生日から全線 運転再開までの日数	81日後	66日後	49日後

出典：「第8回交通政策審議会　陸上交通分科会鉄道部会資料2.東日本大震災における鉄道施設の防災対策の高架と今後の取組について」国土交通省、2011年8月10日

マグニチュード9・0）では、東北新幹線の大宮〜いわて沼宮内の五三六km区間において、高架橋の倒壊落下はゼロであったが、高架橋柱の損傷は約一〇〇本、橋梁の桁ずれは二カ所という被害が発生した。兵庫県南部地震の発生時刻は午前五時四六分であり、山陽新幹線の始発前に地震が発生したため、営業列車の脱線はない。また新潟県中越地震では一列車が脱線した。東北地方太平洋沖地震では営業列車の脱線はなかった。主要地震による新幹線の被害を表にまとめたものが表3－1である。

なお今後発生が予測される大規模地震に備えて、高架橋や高架駅の耐震化が進められている。二〇一〇年度末までに、新幹線については、兵庫県南部地震（一九九五年）、三陸南地震（二〇〇三年）、新潟県中越地震（二〇〇四年）の発生による緊急的な実施や計画の前倒しによって高架橋・高架駅の九九・九％が耐震化を終了した。在来鉄道線については、高架橋・高架駅・地下トンネルの中柱の九五・九％が耐震化を終了した。ただし、その内容を詳しく見ると、高速で走行する新幹線の耐震補強が優先的に実施されており、建設時から十分な耐震性が考慮されている整備新幹線は耐震補強は不要となっている。

また耐震化に係る支援制度は、鉄道駅耐震補強事業については、補助対象事業者はJR東日本、JR東海、JR西日本を除く鉄軌道事業者であり、補助率は国が三分の一、関係地方公共団体が三分の一である。補助対象となる駅は乗降客が一日一万人以上の高架駅であって、かつ、折り返し運転が可能な駅または複数路線が接続する駅である。新幹線の高架橋・高架駅及び在来線の高架橋・地下トンネルの中柱については、自己負担による整備とされている。このように、耐震化に係る支援制度の補助対象となる事業には種々の制約がある。

(3)　地震時における地上構造物と地下構造物

耐震設計とは、構造物を地震に対して壊れないように設計することである。ただし大地震に対して構造物を壊れないように設計することは容易ではない。

橋脚のような地上構造物と地下構造物とでは、地震の影響はかなり異なる。地上構造物は地盤の動きに呼応して振動する。それに比べ地下構造物は周囲の地盤とともに動く。地盤の動きそのものがおおむね構造物の動きと考えられる。もっとも構造物が存在することで地盤の動きが変化する場合もあり、地震時に構造物から地盤に及ぼす力で地盤が破壊されることもある。

兵庫県南部地震で土木構造物が壊滅的な被害を受けたことで、土木学会が耐震基準に関する「提言」を出した。その中で、今後は地震動にはレベル１とレベル２の二段階の強さを用いるべきであるとした。レベル１地震動（Ｌ１地震動とも呼ぶ）とは、その構造物の供用期間内に一〜二度発生する確率をもつ中小地震による地震動である。構造物には原則として、レベル１地震動が作用しても損傷しない（機能が保持できる）ことが要求される。レベル２地震動（Ｌ２地震動とも呼ぶ）は、きわめてまれにしか起こらないけれども非常に強い地震動である。構造物には、倒壊したりして人命を奪うような被害が生じないような設計にすることが要求される。

地上構造物と地下構造物は異なったメカニズムで震動する。[注2] 前記のように、地上構造物と違い、地下構造物は地盤の震動を超えて大きく震動しない。理由の第一は、見かけの単位体積重量が周辺の地盤より小さいので、構造物に作用する慣性力が相対的に小さいからである。第二は、外周を周辺地盤により取り巻かれているため、震動エネルギーが周りの地盤にすぐ逃げてしまう。このように、地下構造物はもともと地盤中で共振しにくい上に、一度起こった震動もすぐに収まってしまう。周辺地盤が地震時に安定していれば（液状化が生じないなど）、構造物が周辺の変位や変形に耐えるだけの耐力や変形性能を持っていれば地震に耐えられる。

兵庫県南部地震においては地下鉄駅舎が破壊したが、これは中柱のせん断補強鉄筋が不十分であったために中柱がせん断破壊し、天井スラブが垂れ下がったものである。中柱は古い時代の設計基準で設計され、せん断補強筋はほとんど配置されていなかった。[注3]

(4) 鉄道の新しい耐震基準

わが国では東海地震、東南海地震等の大規模地震が近い将来高い確率で発生すると予測されている。国土強靭化の観点からも、国民の生命を保護し、重要な機能が致命的な被害を受けず、被害の最小化に資する土木構造物をつくっていくことは、不可欠である。

二〇一一年三月一一日の東北地方太平洋沖地震の発生を受け、国土交通省は「鉄道構造物耐震基準検討委員会」（委員長：佐藤忠信神戸学院大学教授）を発足させた。その結果を踏まえて二〇一二年七月に設計標準の改訂が通達され、同九月に『鉄道構造物等設計標準・同解説（耐震設計標準）』が出版された。鉄道の新しい耐震標準[注4]では、構造物の要求性能について「安全性」と「復旧性」を設定している。

今回の京王線の鉄道高架計画においては、地震発生後の構造物の復旧性に関して、地中化に対する高架化の優位性が、果たして検討されているのだろうか。

「安全性」には構造物の「構造体としての安全性」と「機能上の安全性」がある。「構造体としての安全性」とは、L2地震動に対して全体系が破壊しないための性能をいう。「機能上の安全性」とは、脱線に至る可能性を低減したり、少なくともL1地震動に対して構造物の変位を走行安全上一定範囲内に留める性能をいう。言い換えれば、どんなに大規模の地震（L2地震動）が起きても壊れない構造のものをつくるのは資金面でも現実的ではないので、ある程度壊れても修復性や安全性が保たれるようにする、というのが要求性能の安全性である。

「復旧性」とは、構造物周辺の環境状況を考慮し、想定される地震動に対して、構造物の修復の難易度から定まる損傷等を一定の範囲内に留めることにより、短期間で機能回復できる状態に保つための性能である。つまり、一旦壊れてしまっても、その損傷を一定の範囲内にとどめることで、短期間に機能回復できるようにする、ということである。

室野剛隆氏は、どの規模の地震に対して、どの性能を確保するかについて表3-2のようにまとめている。

「国土強靭化基本計画」では、第一条（目的）ならびに第二条（基本理念）で、事前防災、減災とともに「迅速な復旧・復興」をうたっており、耐震構造計画においても地震発生後の構造物の復旧性を考慮することが求められている。

すなわち新耐震標準の耐震構造計画では、構造物の計画・設計段階で、構造物が地震で損傷したとき速やかに復旧できるよう考慮して構造物の位置や形式等を定めることとしている。具体的には、損傷箇所を点検したり修復工事が実施し易い箇所になるように、機能回復が容易な構造形式にする。構造物周辺の環境については、被災構造物への進入路や作業ヤードを確保する、高架橋下や地下構造物上の利用を制限するなどである。そうすることで復旧資材の搬入が容易になり、資材の仮置きや重機による作業が可能になるのである。

表3-2　地震動の大きさに応じて構造物に要求される性能

性能	設計地震動	内容	適用
安全性	L2地震動	崩壊防止	全て
	L1地震動	走行安全性に係る変位	全て
復旧性	復旧性照査地震動	修復性	重要度の高い構造物

出典：室野剛隆「新しい耐震設計標準」『RRR』鉄道総研、Vol.70 N0.3 2013年3月

新耐震標準では、このように構造物周辺の環境状況を考慮して復旧性の確保をめざすものとしているが、今回の鉄道高架計画では新耐震標準に基づいて新規に加えられた要求性能の検証が十分に行われていない。

高架橋の電車線柱（電車に電力を供給する電線を支える支柱）は、大規模地震よりむしろ中小規模の地震のほうが厳しい状態になりうるという研究結果が

土木学会で発表されている。過去の地震の被害および解析によれば、電車線柱の倒壊などの被害の多くは、地震動の大きさ、および土木構造物と電車線柱との共振により生じている。[注5] 電車線柱は、高架橋の大規模地震に対する応答値を与条件として設計されている。室野氏らの研究によれば、中小規模の地震においても、電車線柱の応答が大規模地震よりも大きくなる可能性がある事が明らかになった。[注6]

地震による高架橋上の電車線柱の被害が着目されたのは、一九七八年の宮城県沖地震であり、その後も千葉県東方沖地震や北海道南西沖地震、兵庫県南部地震など、電車線柱の被害が報告されている。これらの電車線柱の被害は、地震動の大きさに依存するのはもちろんであるが、電車線柱を支持する高架橋の地震応答特性に大きく影響を受けることが、被害解析から分かっている。土木構造物はL2地震に対して安全性を確保していれば、それよりも小さな地震に対しては、基本的には安全性が保障されるが、室野氏らはL2地震のような大地震ではなく、高架橋が塑性変形に至らない中小規模の地震のほうが、電車線柱にとって厳しい状態になりうるとしている。電車線柱と高架橋が共振すると、その応答が大きくなる。その特性は構造物の塑性変形の程度に依存する。電車線柱の固有周期が高架橋の固有周期と共振するような周期帯ならば、高架橋が弾性域にとどまるような小さな地震動レベルのほうが、大きな地震動よりも電車線柱の共振が大きくなる可能性があることが明らかにされた。東北地方太平洋沖地震では、高架橋上に設置されていた多数の電車線柱に折損や傾斜等の被害が発生した。その復旧に時間を要したことから、新耐震

標準に電車線柱の応答値を算定することが盛り込まれたのである。[注7]

これらの内容に関しては、加藤尚、坂井公俊、室野剛隆「構造物—電車線柱一体モデルによる地震応答特性の評価」においても詳しく論じられている。[注8] このような電車線柱の問題は、高架鉄道においてのみ発生し、地下鉄道では発生し得ない。

(5) 大規模地震発生時における鉄道の運転再開

東北地方太平洋沖地震発生時における首都圏鉄道の運転再開に関し、国土交通省鉄道局が協議会を立ち上げ、課題や対応策を検討し、二〇一一年三月に報告書にまとめた。それによれば、同地震発生時の首都圏鉄道（東京駅から三〇km圏内の主要鉄道線区）の運転再開までの状況は以下のようにまとめられる。[注9]

ア　横須賀線は東戸塚駅〜戸塚駅間の高架橋に損傷があったため、復旧作業に時間を要し、運転再開が地震の翌々日（三月一三日）になった。

イ　東海道線は併走する横須賀線の高架橋の復旧作業の遅れの影響を受けて、運転再開まで時間を要した（三月一二日八：〇〇）。

ウ　山手線、多くの在来線も運転再開は翌日になった。

エ　東京の地下鉄は、銀座線が地震の六時間後には運転を再開したのをはじめ、東京メトロ、都営地下鉄ともほぼ全ての地下鉄が当日中に運転を再開した。

オ　横浜市の地下鉄も、ブルーライン、グリーンラインとも当日中に運転を再開した。

このように運転再開までの状況は、地下鉄のほうが地上の鉄道よりはるかに優位となっている。鉄道構造物は公共性が高く、個人のみならず地域の経済活動にも影響を及ぼす重要な施設である。それゆえ、まず高架鉄道ありきで論を進める姿勢には正当性がない。

(6)　火山噴火と鉄道の被災

東京都では、災害対策基本法（一九六一年法律第二百二十三号）第四〇条の規定に基づき「地域防災計画」を策定している。東京都の防災計画は「震災編」「風水害編」「火山編」「大規模事故編」「原子力災害編」に分けられている。この取り組みはきめ細かい計画に基づいて着実に実行されており、高く評価できる。都が二〇一五年に作成し、配布を始めた黄色い表紙の『東京防災』という冊子は、他県の自治体や防災活動に取り組むボラ

図3-4　「東京防災」表紙

出典：東京都ホームページ

ンティア団体がまとめて購入するほどの人気である。

都の防災計画のうち高架鉄道に関して軽視できないのが火山噴火の影響である。とりわけ一七〇七年の宝永噴火から三〇〇年以上噴火していない富士山の噴火には、何らかの備えをしておかなければならない。

『東京防災』では、東京には伊豆大島などの島しょ地域に二一の活火山があること、ならびに富士山が宝永噴火のときのように噴火した場合、東京では数㎝～一〇㎝ほど火山灰が降ると予想されている、と簡単ではあるが富士山噴火の危険と被害について触れている。

「東京都地域防災計画　火山編（二〇〇九年修正）」では、富士山噴火の降灰対策についてさらに詳しく述べている。

富士山（標高三七七六ｍ）の活動度はランクＢ（一〇〇年活動度または一万年活動度が高い活火山）とされている。一七〇七年（宝永四年）の噴火時では噴火前日から地震が群発し、一二月一六日から二週間にわたって爆発的な噴火が起きた。火口から噴出した火山灰などの噴出物は、偏西風にのって江戸にまで降り注いだ。

古文書等の歴史的資料には、確かな噴火記録だけでも七八一年以降一〇回の噴火が確認されている。約二二〇〇年前以降で最大の火砕物噴火が宝永噴火であり、最大の溶岩流噴火が八六四～八六六年（貞観六～七年）の貞観噴火である。

「東京都地域防災計画（火山編）」では、国が設置した富士山ハザードマップ検討委員会が公表

図3-5　富士山の降灰の可能性マップ

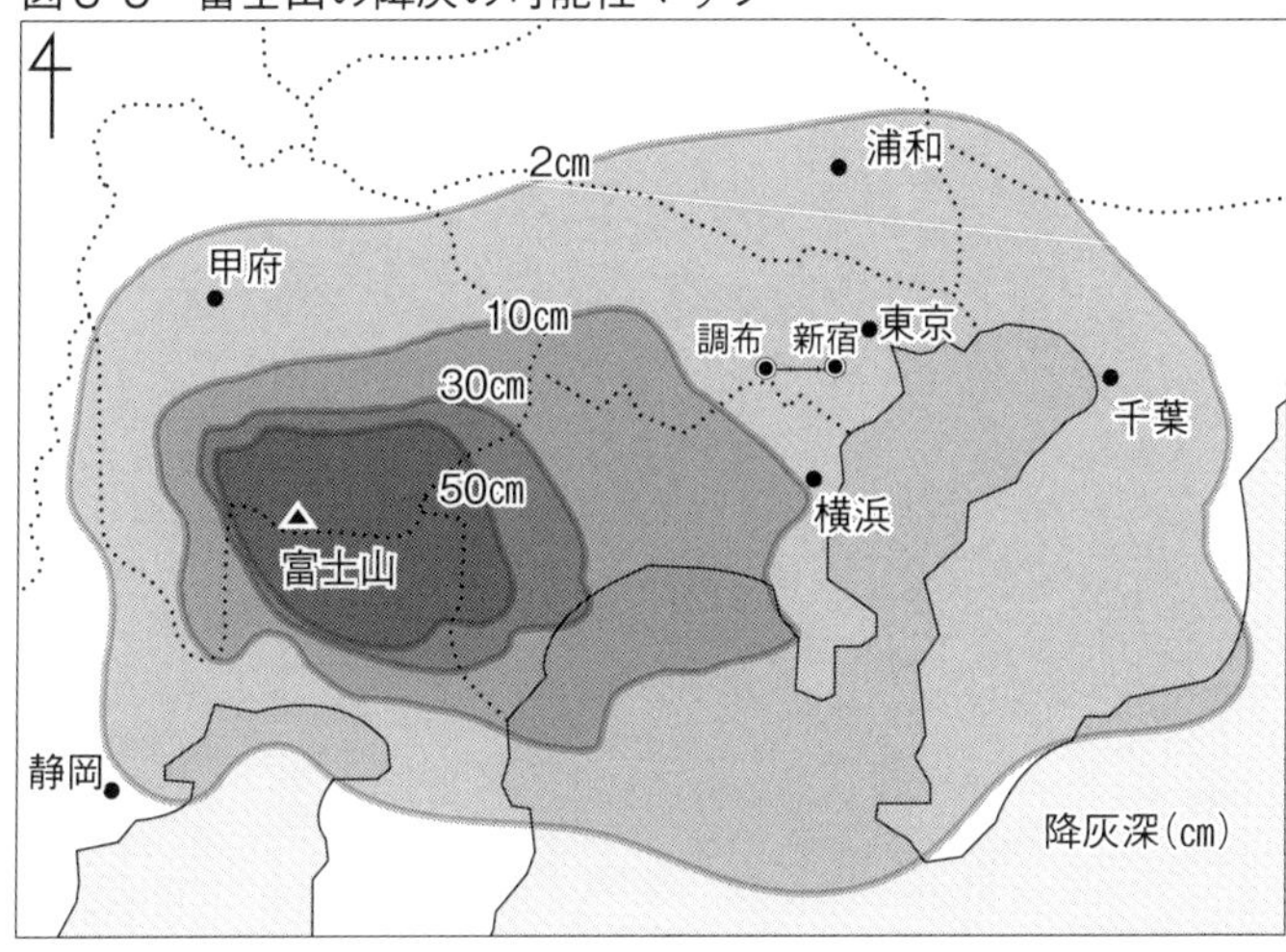

出典：富士山ハザードマップ検討委員会報告書要旨（2004年６月）

した「富士山ハザードマップ検討委員会報告書」に示された被害想定を計画の基礎としている。

図３‐５が同検討委員会報告書で公表している「降灰の可能性マップ」である。

東京都では、富士山火口から距離があるため、溶岩流や火砕流などの被害を受けることはなく、広範囲な降灰に起因する被害を想定している。実際の降灰範囲は噴火のタイプや火口の出現位置、噴火規模、噴火の季節などの条件によって変化する。富士山山頂火口から都内までの距離は、新宿区の都庁までが約九五kmである。

図３‐５は、噴火の規模が宝永噴火と同程度で、噴火が一六日間継続した場合のものである。都内全域に降灰し、降灰の深さ

は世田谷区で二～一〇㎝であるとしている。

東京への降灰については、浅間山の噴火の影響も忘れてはならない。

浅間山は活発な活火山で、古来あまたの噴火を繰り返してきた。明治、大正、昭和の時代には中規模、小規模な噴火を何百回も起こしてきた。噴火による降灰はしばしば東京にも達している。浅間山の噴火の中で最も大規模な噴火の一つが一七八三年（天明三年）のものである。天明浅間山噴火では成層圏まで上昇した噴煙が偏西風で流され、北東方向へ浅間山から二〇〇㎞離れた地点まで火山灰が降下した。その後も北関東を中心として大量の火山灰が広範囲に堆積した。火山灰は主に東流し、遠くは江戸、銚子にまで達した。大量に堆積した火山灰は、直後に吾妻川水害を発生させ、三年後の天明六年に利根川流域全体に洪水を引き起こした。浅間山噴火の降灰が利根川の河床を上昇させ、利根川治水に重要な影響を及ぼしたのである。[注10]

天明三年の浅間山噴火を描いた絵図には「三十里ほど八十斤（約五〇㎏）の火玉が飛散」と書かれている。噴煙は東側、群馬県側に流れている。

降灰による鉄道の被災については貴重な事例が紹介されている。[注11] そのうち、いくつかの代表例を以下に挙げる。

ア　一九七七年～一九七八年の有珠山噴火において、国鉄胆振線への全降灰量は約三〇〇〇㎥で、降灰を受けた鉄道延長は二六㎞、火山灰の厚さは最大で一六㎝であった。火山灰により線路側溝約八八〇〇ｍ、伏び（ふせ）（軌道下の排水用土管）約三〇箇所が埋没した。降雨により火山灰がレールや締結装置にモルタル状に付着し、腐食を著しく進行させた。

イ　二〇〇四年に浅間山が二一年ぶりに爆発し、群馬県、埼玉県、東京都、神奈川県、千葉県で降灰が認められた。JR東日本長野支社では連絡通報体制の強化、地上設備の洗浄器具の配備等を実施した。降灰が確認される都度、電車線路および変電ポストの緊急巡回がなされた。二〇〇九年の小規模な噴火の際は、降灰がJR東日本八高線の線路上にも及んだ。列車走行に伴って火山灰が舞い上がって白煙状を呈した。

ウ　一九九〇年からの雲仙普賢岳の噴火では、火山灰が踏切警報機のボックス内に入り込むことで、電気回路に障害が起きた。それにより警報機や遮断機の誤作動が発生した。踏切の誤作動は、レール上に堆積した火山灰による短絡不良や不正短絡によっても発生した。また火山灰がフロントガラスに付着することで、視界不良が発生した。火山灰が固化し、ワイパーでの除去ができない場合があることも報告されている。レール上に堆積した火山灰により、乾燥時にはレール・車輪間の摩擦が増大し、車両のスピードが低下した。一方で、湿潤時には摩擦が低下し、スリップが発生した。火山灰がエンジンに吸い込まれることにより、エンジン不調やオーバーヒートも発生した。

エ　二〇一一年の霧島山（新燃岳）の噴火では、鉄道への影響は降灰によるものであった。JR九州の吉都線（きっとせん）や日豊線では降灰による視界不良で運休が相次いだ。転てつ機に火山灰が介在することによる転換不能や、レール上に火山灰が積もることによる短絡不良が発生した。

まとめると、現在に至る火山活動による鉄道システムへの影響のうち、降灰は全ての系統に影響を与えていることが明らかになった。

火山灰による被災は乾燥時と湿潤時で性状が異なる。乾燥時は電気的には絶縁性を有し、レール・車輪間の短絡不良の原因となる。対して湿潤時には導電性を有し、不正短絡や電気回路のショートの原因となっていた。また乾燥時にはレール上の火山灰がレール・車輪間の摩擦を増大させ、湿潤時には摩擦を減少させていた。さらに化学的には火山灰が水に触れると、火山起源の硫黄等が溶出し、溶液が酸性となる場合がある。

降灰による被災事例を整理すると、①施設系では、分岐器転換不良、道床バラストの排水不良、側溝の埋没、レールや締結装置の腐食、②電気系では、短絡不良、不正短絡、踏切誤動作、漏電、③車両系では、フロントガラスの汚損、可動部の可動性低下・摩耗、エンジン不良、火山灰乾燥時の摩擦増大、火山灰湿潤時のスリップ、車内環境悪化、④運輸系では、視界不良、踏切誤動作、となる。

これは他の火山活動に伴う現象に比べ、降灰は広範囲に影響が及びうるためと考えられる、と鉄道総研防災技術研究部の浦越拓野氏らは述べている。

地下鉄道の場合は、少なくとも軌道や信号等への降灰はない。

以上のように、東京都では火山噴火による被害想定を行い、研究者らの火山活動における鉄道の被災の報告もされている。富士山だけでなく、浅間山からの降灰も想定する必要がある。

わが国では一九六一年の災害対策基本法以来、防災は最重要課題であり、国土強靭化基本計画は今や国策である。これから工事に着手する京王線の計画は、東京を災害に強いまちにつくり替えていく千載一遇のチャンスである。この鉄道高架計画を防災の視点で今一度見直し、防災・減災に資する地下式について真摯に検討すべきである。

2　防災における鉄道地下化の優位性

(1)　首都直下地震における高架構造物の災害予測

ア　三・一一以前の設計のままでの高架の都市計画決定はありえない

二〇一一年三月一一日に発生した東北地方太平洋沖大地震とそれに伴う東日本大震災の後、その教訓を踏まえ、内閣府は、首都直下地震モデル検討会及び首都直下地震対策検討ワーキンググループを設置し、二〇一三年一二月一九日、同検討会が「首都のM7クラスの地震及び相模トラフ沿いのM8クラスの地震等の震源断層モデルと震度分布・津波高等に関する報告書」を、同ワーキンググループが「首都直下地震の被害想定と対策について（最終報告）」（以下、「最終報告」という）を公表した。

また、東京都も、二〇〇六年五月に公表した「首都直下地震による東京の被害想定」を全面的に見直すこととし、東京都防災会議の地震部会が、二〇一二年四月一八日に「首都直下地震等による東京の被害想定」報告書を公表した。

このように、東日本大震災は、地震大国である我が国において防災対策に重点を置くべきことを明らかにした。この貴重な教訓をもとに、特に首都直下地震が想定されている地域においては、都市計画を根本的に見直さなければならない。

イ　高架橋は地震に弱い

高架橋が地震に弱いことは、阪神・淡路大震災のときから明らかであった。新幹線の高架橋の被害だけを取り上げてみても、阪神・淡路大震災では、倒れた高架橋や落ちた橋梁が八つにも及び、高架橋柱の損傷は七〇八カ所、橋梁のずれは七二カ所も生じた。その後、高架橋の耐震補強などが進んだにもかかわらず、高架橋柱の損傷は、新潟県中越沖地震で四七カ所、東日本大震災では約一〇〇カ所、余震で更に約二〇カ所も生じた。在来線及び貨物鉄道についても、東日本大震災での橋梁流失・埋没は合計一〇九カ所、高架橋柱等の損傷は合計約四七〇カ所にも及んでいる。[注12]

首都直下地震が起こった場合、前記の最終報告によると、地震発生直後に「首都圏の鉄道の橋脚に、軽微な被害が約八四〇箇所発生する。[注13]その他、電柱、架線等の被害が発生し、全線が不通になる」と想定され、更に厳しい被害様相として「高架部の直下で大規模な地盤変位が発生した場合等には、耐震補強済みの高架橋であっても被害が生じるおそれがある」と想定されている。

首都直下地震では、阪神・淡路大震災よりも多数の高架橋損傷が発生するという想定であり、耐震補強済みの高架橋であっても被害が生じうるという警告がなされているのである。高架橋は、たとえ耐震補強をしていても、地震に弱いことに変わりはないのであり、最悪の場合には倒壊することもあり得ると考えなければならない。

ウ　地下構造や地下鉄の方が耐震性に優れている

これに対し、地下鉄については、最終報告で、地震直後に「地下鉄は点検のため首都圏の全線が不通となる」と想定されているのみである。[注14] 実際、東日本大震災に際しては、高架の多い東横線などよりも、地下鉄銀座線がいち早く運転を再開した。このことによっても、地下構造や地下鉄の方が耐震性に優れていることがわかる。

よって、京王線の連続立体化の検討は、幡ヶ谷から調布駅まで全線地下、または堀割方式の併用とすべきで、高架は使うべきではない。

エ　工事期間中に大震災が発生した場合も想定しておくべき

高架にしても地下にしても、建設工事期間はおよそ一〇年間にわたる。高架工事をする場合は、追加の土地の買収が必要となるため、建設工事の完了はさらに遅れる可能性が高い。工事全体を早期に完了するためには、地下案のほうが優れている。現在供用されており、この連続立体交差事業完了時には供用が廃止されることになっている箇所にも、耐震性能に著しく劣っている箇所がある。例えば、環状七号線をまたいでいる笹塚駅付近の高架橋（環七架道橋）である。この高架橋にはほとんど杭がない。したがって、首都圏直下型地震の場合には、八幡山駅付近と同様、倒壊の危険性がある。このような高架橋を一刻も早く撤去しなければならない。京王線の防災対策のためには、用地買収に時間がかからず、早く工事が完了できる地下案のほうが優れている。なお、小田急線が環状七号線をまたいでいた架道橋は、当該区間の地下化が完了したことにより、供用を廃止された。

また、高架の場合、工事途中の高架建造物の耐震性を確保することは至難の業であり、資機材などが崩落した場合の被害や復旧にかかる時間の増大に伴う経済的な損害も含めると、被害は甚大なものになると予想される。他方、それに比べて、シールド工法等による地下工事は耐震性の確保の点で優位にあることは明らかである。

(2) 八幡山高架橋の基礎地盤

八幡山高架橋は一九七〇年に完成しているが、その基礎杭は、現在の耐震設計基準上の基盤面に達していない。

今回の二層高架二層地下都市計画決定案で高架線の一部として再利用されることとなっている八幡山駅近辺の高架橋は、一九六〇年代に設計され、一九七〇年に完成している。武蔵野礫層を基盤としている。

しかし、今回の高架橋の計画では、武蔵野礫層の更に下にある上総層群を基盤として設計され

図3-6　耐震設計上の基盤面

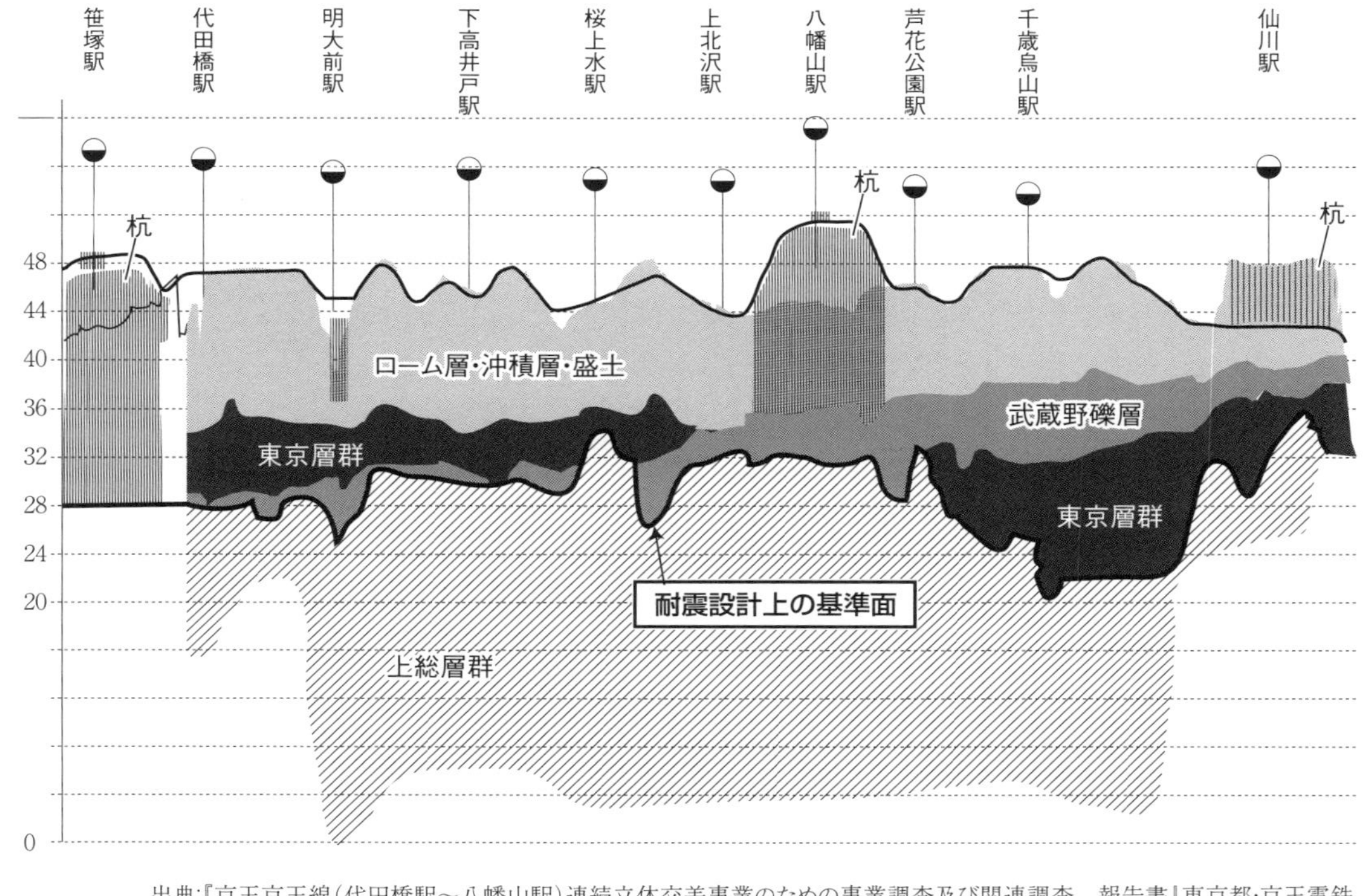

出典:『京王京王線（代田橋駅〜八幡山駅）連続立体交差事業のための事業調査及び関連調査　報告書』東京都・京王電鉄、2009年3月、P4-3
八幡山駅の基礎杭は耐震設計上の基盤面に届いていない。

ている。

すなわち、二〇一二年三月東京都・京王電鉄が作成した「道路と京王電鉄京王線（代田橋駅〜八幡山駅）との連続立体交差事業及びこれに関する街路事業に伴う環境影響評価調査等　設計概要書」によると、耐震設計基盤面については、深さ一二〜二八ｍの上総層群とする旨が明記されている。[注15]

八幡山高架橋の基礎杭は深さ約八ｍの武蔵野礫層上部に止まっており、基礎杭は、現在の耐震設計基準上の基盤面である上総層群には達しておらず、基礎杭の下端から、基盤面との間には四〜六メートルの間隔があいてしまっている。

一九七八年に高架橋が完成した笹塚駅では、上総層群に達する深い杭が施工されている。このことは、前記設計概要書から明らかである。したがって、八幡山高架橋は、施工直後から、既存不適格状態になっていたと言える。

首都圏直下型地震対策として、都市インフラの耐震性補強が叫ばれている今日、八幡山高架橋は、直ちに解体して現在の耐震基準に合致した高架橋に更新すべきものであった。

まして、今回新たに整備する連続立体化計画の中で、この老朽化している上に、耐震設計上も強度不足となっている八幡山高架橋を再利用し、今後も使い続けるようなことは、大きな弱点を作り、首都圏直下型地震の際に、当該箇所の倒壊というような事態を招きかねない。高架橋が倒壊した場合には、走行中の列車は転覆し、乗客と住民の双方に多数の被害が生ずる可能性がある。

このような事態はあってはならないことである。

八幡山高架橋を再利用する二線高架二線地下併用案という都市計画の決定案には、耐震設計上看過できない極めて重大な欠陥があることが明らかである。

(3)　帰宅難民対策としての地下化案の優位性

これまで、大震災が発生した場合には、帰宅難民と呼ばれる帰宅困難住民が発生するのでその対応が必要であると言い続けられてきた。その矢先、二〇一一年三月一一日の東日本大震災においては、東京では建物の被害そのものは少なかったものの、帰宅難民と言われる人たちが史上初めて発生し、徒歩での帰宅や、都心の建物内部などでの宿泊を余儀なくされた。したがって、今回の都市計画案は素案の段階から含め、東京が震災に被災した場合への対応は、「帰宅難民」を想定した上で作成しなければならない。

現在の都市計画案は、東日本大震災で得られた教訓を加味したものにはなっていないので、この経験を踏まえて計画を見直すべきである。震災翌日まで続いた交通渋滞や歩行者であふれた歩道、あるいは三月一四日の出勤時における数多くの自転車への対応など、いずれの事象も、鉄道を地下化し、その上を歩行者空間にすることの必要性を示している。

よって、都市防災の観点からも、調布付近での計画と同様に、幡ヶ谷〜つつじヶ丘間でも、京王線を地下にし、その上を緑道にする計画に変更すべきである。

(4) 鉄道跡地を防災緑道化できる

ア　延焼防止に効果

首都直下地震が起こった場合、最終報告によると、「環状六号～八号線沿線等に広範に連担している木造住宅密集市街地などを中心に、大規模な延焼火災により、約四万棟～約四一万棟が焼失する」「火災旋風が発生するおそれもある」「市街地内で沿道の火災により通行が困難となり、消火活動や救助・救急活動に支障が生じる」と想定され、更に厳しい被害様相として、「環状六号～八号線沿線等に広範に連担している木造住宅密集市街地の延焼火災が大規模化し、消火隊による消火活動が不可能となる（燃え尽きるのを待つ状態）」「延焼による避難困難（逃げ惑い）により火災に巻き込まれ被災する」「火災旋風により屋外で移動中の人が多数焼死する」と想定されている。[注16]

これらの予防対策として、「大規模な延焼火災の発生が懸念される地域において、道路・公園等のオープンスペースの確保の推進」が挙げられている。

地下化の場合、鉄道跡地は防災緑道等に利用可能であり、オープンスペースの確保が推進でき、首都直下地震の発生が迫る東京都内における地震火災の延焼防止や避難空間確保などの観点で優れている。

イ　火山噴火でも運行続行ができる

南海トラフの巨大地震と前後して富士山が噴火する可能性が高いことはよく知られている。次

図3-6　2011年3月11日夜、甲州街道沿いを西に歩く帰宅困難者

の南海トラフの巨大地震に引き続いて、富士山が噴火する可能性は十分想定しておかなければならない。江戸時代の一七〇七年の宝永噴火の際にも、江戸は大混乱となり、政治・経済に大きな打撃が与えられた。[注17] 地下路線は富士山の爆発で大量の火山灰が都内に降り注いでも、運行を続けられる可能性が地上路線よりも高い。火山噴火でも運行を続けられる可能性がより高いというメリットがあるのである。

(5) 高架計画の場合には耐震性強化のため、多額の追加投資が必要

高架の際には地震対策として安全性の飛躍的強化が必要であり、既存高架を使用する部分にも、新設と同程度の事業費による耐久性の強化が必要となることが予測される。このように、防災上の考慮を入れた事業費の正確な比較がな

されていない。

既存高架については、耐震補強がなされたとされているが、この耐震補強とは、構造物が損傷して修復不可能であっても崩壊しないことであって、仮に首都直下型地震によって、既存高架が崩壊しないとしても、修復不可能になるおそれが高く、この場合、新設する高架が供用可能であっても、既存高架部分の修復のために、長期間にわたって、京王線が不通となってしまうことが想定される。

注

注1　河田惠昭『土木計画学と防災研究』土木学会、一九九六年
注2　土木学会関西支部『大震災に学ぶ―阪神・淡路大震災調査研究委員会報告書―』第5編　地震に強い地下構造物!?、土木学会関西支部、一九九八年
土木学会　地震工学委員会「耐震設計ガイドライン（案）―耐震基準作成のための手引き―」耐震基準小委員会活動報告、二〇〇一年
注3　川島一彦『地震との戦い　なぜ橋は地震に弱かったのか』鹿島出版会、二〇一四年
川島一彦「地下構造物の耐震性」『DOBOKU技士会東京』第54号、東京土木施工管理技士会、二〇一二年
注4　最新版は二〇一二年七月通達、同九月改訂
注5　清水政利、原田智、室野剛隆、坂井公俊「電車線路設備耐震設計指針の改訂」『鉄道総研報告』第二八巻

第一〇号、二〇一四年

注6　室野剛隆、加藤尚、豊岡亮洋「地震動の入力レベルが高架橋と電車線柱の共振現象に与える影響評価」『土木学会論文集A1（構造・地震工学）』第六八巻第四号、二〇一二年

注7　佐藤勉「鉄道構造物に関する設計標準の最近の動向」『鉄道総研報告』第二六巻第一一号、二〇一二年

注8　『鉄道総研報告』第二六巻第一一号、二〇一二年

注9　大規模地震発生時における首都圏鉄道の運転の再開のあり方に関する協議会「大規模地震発生時における首都圏鉄道の運転再開のあり方に関する協議会報告書」二〇一二年

注10　内閣府中央防災会議災害教訓の継承に関する専門調査会「天明三年（一七八三）浅間山噴火」『広報ぼうさい』第三五号、二〇〇六年

中央防災会議災害教訓の継承に関する専門調査会『災害の教訓　火山編』二〇一〇年

国土交通省関東地方整備局利根川水系砂防事務所ウェブサイト

注11　浦越拓野、西金佑一郎、川越健「国内の火山活動における鉄道の被災及び対策事例」『鉄道総研報告』第二九巻第一号、二〇一五年

注12　東北の鉄道震災復興誌編集委員会編／国土交通省東北運輸局監修「よみがえれ！みちのくの鉄道～東日本大震災からの復興の軌跡～」二〇一二年、三四頁

注13　「首都直下地震の被害想定と対策について（最終報告）」四一頁

注14　前掲「首都直下地震の被害想定と対策について（最終報告）」四一頁

注15　同書、四～一三頁

注16　前掲「首都直下地震の被害想定と対策について（最終報告）」一三頁

注17　小山真人『富士山噴火とハザードマップ―宝永噴火の16日間―』（古今書院、二〇〇九年）に、当時の噴火の被害と、それを教訓とした現代のハザードマップ制定の経緯を詳述してある。

第4章　都市計画のあり方

1　鉄道地下化の経済効果

(1)　地下化の費用便益分析

都市計画事業における費用便益の検討に当たっては、高架化の弊害と地下化の社会的価値を無視してはならない。しかし、現行の費用便益分析マニュアルでは、この点は全く評価されておらず、京王線においても、連続立体交差化事業の構造選択において、高架化の弊害や地下化の社会的価値の評価が行われていない。

この点について、政策研究大学院大学の宮野義康氏の論文「鉄道と道路の連続立体交差事業による周辺市街地への影響について」は、非常に示唆に富む指摘をしている。

同論文は、連続立体交差事業による効果を、

・「道路便益」（踏切除去による渋滞の解消、踏切除去による自動車事故の減少）、
・「市街化便益」（緊急活動の円滑化、地域の連帯的活動）
・「高架橋の負の外部性」（景観の悪化、日照の悪化）

の三つに分類し定義している。[注1]

そして、構造選択の問題として、「現行の費用便益分析マニュアルでは、対象の便益を『道路便益』のみとしているため、地下化のメリットである環境改善等の効果が評価されず、高架化と地下化の便益には差異がなくなる。そのため、費用の大小で判断されることとなり、費用の大きい地下化は物理的な支障等の例外を除き選択されず、高架化ばかりが供給されることとなる」と批判している。

また、「地下化による便益の増加分が地下化による費用の増加分を上回った場合には、地下化の純便益が高架化のそれよりも大きくなる事業が発生する」、「『道路便益』だけでなく、『市街化便益』や『高架橋の負の外部性』も適切に評価されていれば、高架化だけでなく地下化も選択される場合があるということである」としている。その上で、とくに「高度に発展した市街地においては、地下化のメリットである環境改善効果による便益が大きく、地下化の純便益が高架化を上回る場合が考えられる」としている（二頁）。

宮野氏は本論文において連続立体交差事業による周辺市街地の地価への影響について実証分析を行い、連続立体交差事業による周辺市街地への影響が地価に帰着していることを確認した。また地下化の場合の周辺市街地の地価上昇は高架化よりも大きく、地下化による環境改善等の効果があることを明らかにした。更に地下化による純便益が高架化を上回る場合があるとの根拠に基づき、物理的な支障等の例外以外にも、地下化が選択されることが望ましい場合があることを示したのである。

京王線の連続立体交差事業の事業区画は、住宅地の密集する、まさに「高度に発展した市街地」と言えるから、地下化により得られる社会的便益は大きく、高架化を上回るものと言える。したがって、京王線連続立体交差事業の事業区画は上記「地下化が選択されることが望ましい場合」に該当すると判断するのが妥当である。

政策研究大学院大学は、民主的統治を担う指導者の養成、日本を代表するまちづくりのリーダー育成を目的とするとされており、同大学が実施する「まちづくりプログラム」は、法と経済学に立脚した分析手法、まちづくり法務や実務等を提供しているプログラムである。その中で、この宮野論文は、二〇一三年度の「まちづくりプログラム」論文集において最優秀論文賞を受賞したものであって、時代の要請を的確に記述したものである。

(2) 施工費の差額と社会的便益

第一九八回東京都都市計画審議会（平成二四年九月四日開催）において、京王線の当該区間の高架化を含む都市計画について審議が行われた。東京都のI幹事はS委員の質問に対して、「地下方式では事業費が約三〇〇〇億円となり、他の二つの方式と比較して約八〇〇億円、高額となります。こうしたことなどから、地下方式を除いて、高架方式と併用方式を最適案といたしました」と答えている。[注2]

施工費用の試算は、設計条件をどのように設定するかで大きく変わるため、この差額が本当に合理的な条件設定のもとに公平に比較されたのか、高架工事後に地下工事を行うことに伴うアンダーピニング施工の手戻りが加算されているのか、高架と地下化では周辺の住宅敷地買収面積が大きく違うことを計算に入れているかといった疑問が残る。

今回の工事計画の大きな特徴は、地上の高架化工事をひとまず行い、その後に高架化の際に施工した多数の杭を切断して地下の増線工事を行うという、大規模な手戻り工事（いったん作ったものを壊して作り直す工事）が予定されていることである。杭を切断するために「アンダーピニング工法」という高架橋の荷重を受け替える難工事も必要になる。このことは費用の点で無駄が大きいだけでなく、一旦出来上がった構造材を切断したり継ぎ足したりするため、最終構造体の品質も劣悪なものになる。

そのことは今問わないとして、八〇〇億円の施工費の差が、地下化をあきらめて高架化を推進するという判断の根拠として適切かを問わなければならない。地下化すれば、市街中心部を貫く地平面に、一〇㎞余に及ぶ空地が新たに出現する。これが八〇〇億円の代償として将来に数百年にわたって利用可能な社会的便益として生み出されるとすれば、今日の地価水準から考えればお釣りがくる金額であることは、だれしも理解できる常識であろう。

また、施工期間を考えると、高架化工事は基本的に地上で施工することになり、施工中の周辺地域との調整や制限条件が多くなる。勢い、地下化と比べて施工期間が長くなる。そのことは供用開始時期に差ができる。その差は、社会的便益の差として考慮に入れてよい。

(3) 敏感な実務の世界

地下化の場合は、周辺地域を緑化し、景観も良くなり、低騒音化し、高級住宅街が実現できる。防災上も地下化の方が圧倒的に優位である。近年調布市の路線の延長として地下化が実現した京王線国領駅では、優良な住宅地として、駅前のマンションが売り出されている。上記折込みチラシでも、「鉄道が地下化することで駅前が庭園になる街」「かぞくのやさしい駅前」といったキャッチコピーが掲げられているのである。

これに対し、地上高架の場合は、このような効果は全く期待できず、長期にわたり、昼夜の別なく騒音に苦しみ、景観も現状より格段に悪化する。緑化地域も実現しない。

波及効果の違いは明白であり、これを正確に指摘しない東京都の報告書は不公正、不適切な内容であるといわざるを得ない。

2 景観の問題と改善の趨勢

(1) 京王線南側の高架化による環境悪化

現在の京王線高架化予定区間の南側には環境側道がない。そのことは、騒音や振動による環境悪化がとりわけ深刻になり、また、高架橋と住宅の間隔が著しく近接して、景観や防犯などの住

図4-1　施工順序図

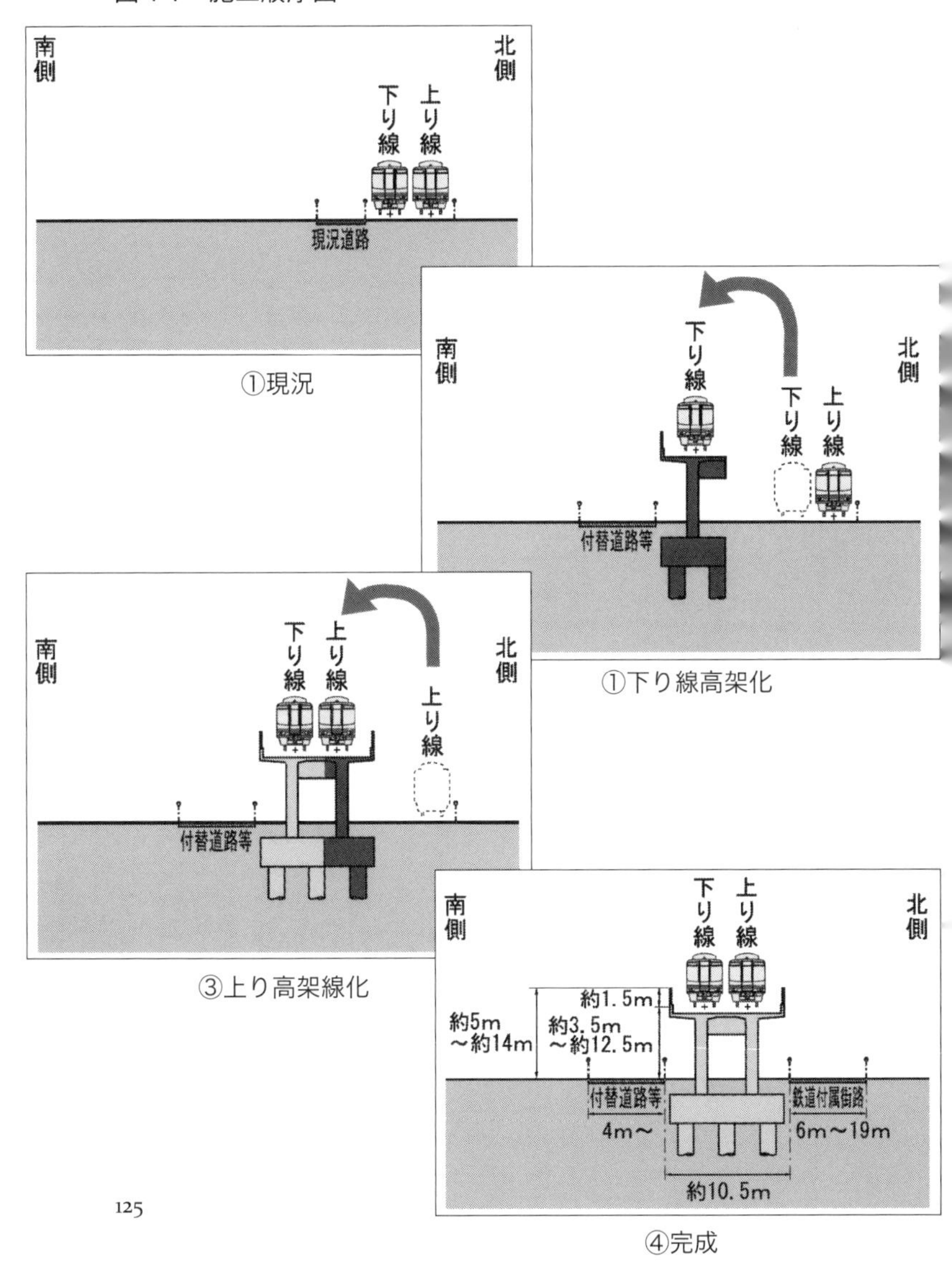

出典：京王電鉄パンフレット

環境がさらに悪化することが予想される。

ア　環境側道のない高架線南側の騒音など環境悪化

全国連続立体交差事業促進協議会の「踏切すいすい大作戦　連続立体交差事業とは」によると「連続立体交差事業では、鉄道を高架化するものと地下化するものがあり、そのうち鉄道を高架化する場合の施工方式は、①既設線を移設した跡地に高架橋を造る仮線方式、②既設線の横に新たに高架橋を造る別線方式、③既設線の真上に高架橋を造る直上方式の三つに大別することができる」とある。[注3] 京王線連続立体交差事業は、仮線方式の高架化（①のケース）が計画されている。具体的には南側の用地を買収し、既設の新宿から調布方面に向かう下り線を南側に移して高架化。次にそれによって開いた既設の下り線部分に上り線を高架化して移すという手順を踏んで高架化する（図4-1）[注4]。

この施行順序図には、事業完成後の高架線の北側（向かって右側）に「鉄道付属街路」、南側（向かって左側）に「付替道路等」と道路が描かれており、最下段注釈に「※区間によって鉄道付属街路及び付替道路等の有無や整備位置は異なります。」と書かれている。しかし、これは理想状態を示しているに過ぎず、現実には「絵に描いた餅」になることが少なくない。

北側の「鉄道付属街路」は、鉄道の高架化に伴い沿線の住居に日照阻害が生じることに対応して、設置する道路であり、通称「環境側道」と言われる。駅周辺の商業地域などでは環境側道は必須ではないが住宅地域ではほぼ設けられる。それに対し南側の「付替道路」は既設線の南側に道路がある場合、それが高架線の仮線として買収されて無くなる。環境側道は日照問題に対するものであり、環境と銘打っても鉄道騒音対策はうたっていない。南側は高架化による日照の問題は生じないので環境側道は設けない。現在、既設線の南側に道路がなければ、高架線横の南側には道路が新たに設けられることはなく、南側の住宅の真横を高架線が通るのである。高架線の騒音を考えると高架線真横の住宅の環境悪化はひどいものになると言わざるを得ない。

図4-2　高架橋北側が住宅に近接している小田急線代々木上原付近

撮影：佐藤和宏（2018年3月14日）

高架化された小田急線を見ると北側にさえ道路もなく住宅のすぐ横を高架鉄道が通っている（図4‐2参照）。京王線もこのまま高架化がなされた暁にはこのようになってしまうことは明らかである。

二〇一一年三月一一日の東日本大震災の後に行われた京王線連続立体交差事業の住民説明会では、阪神大震災も経験した住民から「高架橋が倒れたことを考えると相当幅のスペースがないと直撃でやられる。南側であれ北側であれ、相当幅の緑地帯がなければ高架はやるべきでない」と二度の大震災の経験から生命をかけた悲痛な叫びとでもいうべき質問が出た。しかし今回計画ではそれへの対応もまったく行われていない。

また、環境側道は開通後は環境とは名ばかりで自動車道路に供される。北側住民も電車騒音に加え今度は自動車騒音にも悩まされる結果になる。

イ　高架橋下の防犯問題など住環境悪化

高架化が地域分断を解消するなどと東京都は言う。[注5] しかしながら高架橋下は暗く金網が張られ、防犯上も危ない状況が生まれる現実がある。高架鉄道の南側では住宅の横を高架鉄道が走り、その下は日中でも暗く金網が張られており、防犯上も危険な場所を出現させる、高架化が地域分断を解消するなどとは住んでもいない官僚のおためごかしであり、この事実こそが高架化の真実なのである。

（2）　日本橋周辺の高速道路地下化

日本橋の上を覆う首都高速道路の地下化は、過去にもたびたび議論が行われてきた。国土交通省は、二〇一七年秋に「首都高日本橋地下化検討会」を組織し、同一一月一日に第一回会合を開いた。[注6] 首都の景観や周辺のまちづくりに配慮すべきだという意見は、しばしば繰り返されてきた。

図4-3　ゴミ捨て場と化した高架橋下：京王線笹塚付近

撮影・佐藤和宏（2018年3月14日）

この高速道路は、一九六四年の東京オリンピックに合わせて建設され、「林立するビルの谷間を縫って新装の高速道路が走る。その一本々々が、全世界のお客さまを晴れの競技場へ送りこむ」と、建設当時は高度経済成長期の空気も手伝い、むしろ新時代の到来として喝采された。[注7]

高度経済期に建設された高架橋が現在の都市景観にそぐわなくて、取り壊しさえ計画されている現状は、目下の京王線の高架化計画においてもまったく同じ問題を提起している。なお、この首都高日本橋地下化検討会の委員には、東京都技監（都市整備局長兼務）と東京都建設局長が任命されていることを、ここに特記しておく。

(3) 無電柱化の趨勢

国土交通省は、二〇一六年一二月一六日に、「無電柱化の推進に関する法律」を公布・施行した。その後、同省では「無電柱化推進のあり方検討委員会」を設置し検討を進め、二〇一七年八月に「中間とりまとめ」を公表した。それに基づいて、同省は「無電柱化推進計画(案)」を作成して、二〇一八年二月一九日にパブリックコメント募集を開始した。[注8]

この施策と連動して、東京都は二〇一八年二月九日、電線を地中に埋めて電柱を無くす無電柱化について、今後一〇年の中期計画の素案をまとめた。現在は「おおむね山手通りの内側」としている重点整備地域を「環状七号線の内側」に拡大し、一〇年後までに環七内側のすべてを対象として整備に着手する。小池百合子都知事は、同日の記者会見で「都内は諸外国の首都と比べ桁違いで無電柱化が行われていない。意識改革や技術改革、コスト改革を総合的に進めたい」と強調した。[注9]

現在、環七内側で企画されている景観問題は、いずれ環八内側、さらに外側の町並みの景観改善を目指す動きとして波及するであろう。そして、電柱が目障りと感じる景観感覚にとっては、大きな幅で頭上を覆う高架鉄道は桁違いに鬱陶しいものと映るに違いない。しかもそれがひっきりなしの騒音を伴っているとなれば、将来世代にとっては忍耐の限度を超えるに違いない。無電柱化を唱える東京都が、高架鉄道を企図するのは、信じがたい矛盾である。

3　地下鉄と高架鉄道の寿命の差

一九七〇年代以降、地下鉄や道路トンネル、地下下水道など、トンネル工事が全国で広範囲に行われ、シールドマシンが格段に普及した。近年は大深度地下鉄や、東京湾アクアラインのような海底トンネルも珍しくなくなった。鉄道の地下化のコストも大きく縮小している。

地下化は経済的な社会的便益の創出にくわえて、コンクリート構造の寿命およびメンテナンスという面で地下化の方が長寿命であり、有利である。たとえば地下鉄銀座線は、すでに使用開始後七八～九〇年が経過しているが、東京地下鉄株式会社では今後一〇〇年以上使用に耐えると報告している。[注10] 具体的には、高経年化トンネルである地下鉄銀座線の診断の結果が報告されており、現在でも十分な耐力余裕があることが確認されている。内部の鉄筋もほとんどの箇所で腐食は進行しておらず、今後さらに一四〇年程度、ひび割れや浮きが発生しないと予測されている。既に長年にわたって供用されているから、合わせて二〇〇年を超える長寿命であるということになる。他方、大気中に曝されている標準的な鉄筋コンクリートの設計耐用年数は、六五～一〇〇年である。[注11] 地下構造物のコンクリート構造の方が、寿命が長い理由は、地下にあるために温度変動が僅少で、表面が湿潤な環境に囲まれていて物質移動に曝されることが少なく、空気中の場合に比べて酸素や炭酸ガスによる中性化（コンクリートが中性化した段階で鉄筋の酸化が始まる）が起こりにくい環境にあるからである。他方、現在の計画では、約五〇年が経過した八幡山駅の高架部分をそのまま使用する予定になっている。現在の八幡山駅高架部分はコンクリートの白化現象が起きていて劣化が著しい(図4-4)。残りの寿命は、メンテナンスしながらでも長くは期待できない。東京都および京王電鉄は八幡山駅を高架橋の一部として利用することが今回の高架化工事の一環であると主張しているが、このような部分を新設の全体計画の中に取り込めば、本来数百年の寿命を期待できる鉄道設備の寿命を数十年に短縮してしまうという、著しい不合理を生じることになる。

4 環境アセスメントの不公正な手続き

今日、規模の大きい公共工事や、自然環境の変更が予想される事業に対しては環境アセスメントを行うことが義務付けられている。ましてや、この京王線の高架化計画のように住民の生活条件に直接的な影響を与える大規模な都市環境改変工事においては、慎重な環境アセスメントを行い、住民側の納得を得た上で着手することが当然である。しかるに、この鉄道高架化計画の「環境影響評価」と手続きは、環境アセスメントを行う際に踏むべき手順と精神を満たしていない。

日本政府は、環境アセスメントという、市民参加の意思決定を行うことに、ずっと消極的であり、環境アセスメントに係る法律の制定も、先進国の中では最も遅かった。それでも、時代が下るにつれて、生活環境の劣化が市民社会の要求と乖離するところが大きくなり、環境アセスメントの制度化を規定する環境影響評価法（いわゆる「アセス法」）が、一九九七年六月に成立し、二年後の一九九九年六月に全面施行された[注12]。

環境影響評価法が要求する手続きは三段階ある。事業者はまずアセスメントの「方法書」を作って住民に公告し、縦覧に供する。住民はそれに対して意見書を提出できる。第二段階はアセスメントの「準備書」を作って公告し、縦覧に供する。さらに説明会を行って住民の意見書を求める。第三段階は、アセスメントの「評価書」を作って公告し、住民の縦覧に供する、というものである[注13]。「方法書」は様々な代替案を提示して、どのような項目（たとえば、騒音、景観、防災など）について優劣の比較を行うかという、アセスメント作業の内容を規定するものである。第二段階の「準備書」は、予備的なアセスメントを行って、住民の意見を聴取するものである。それを経て、結論としての「評価書」を作る。

では、今回の京王線連続立体交差・

図4-4　八幡山高架橋で、表面のコンクリートが剥落し、鉄筋が露出した箇所の例

複々線化事業における手続きはどうであったのだろうか。この事業の意思決定に係る書類として住民に示されたのは次の三件である。

①「京王京王線（代田橋駅～八幡山駅付近）連続立体交差事業のための事業調査及び関連調査」東京都・京王電鉄、二〇〇九年三月

②「京王電鉄京王線（笹塚駅～つつじヶ丘駅間）連続立体化及び複々線化事業　環境影響評価準備書」東京都、二〇一一年一月

③「京王電鉄京王線（笹塚駅～つつじヶ丘駅間）連続立体化及び複々線化事業　環境影響評価書」東京都、二〇一二年九月

まず、①が、環境アセスメントの方法書に当たるかどうかという観点で見ると、第5章4項で述べるように、既設高架の八幡山駅を残してそれに合わせて一連の高架化計画を遂行するという前提条件の中で、五案を挙げて比較検討するという、きわめて限定された代替案の設定を行っている。第4章3項で述べたような、地下鉄と高架鉄道の寿命の差などの最近の技術的知見などを反映しないで、五〇年前の高架化計画をそのまま踏襲するという前提から一歩も出ない方針を維持している。そのことは、過去五〇年間に大きく変貌した周辺の町並みの条件変化も考慮の対象から除外している。①が果たして「環境アセスメントの方法書」を意図して作られたものなのか、単に事業者側の方針を押し付けるための説明書に過ぎないのか、その意図が不明であるが、実質的な内容は、健全な「方法書」の要件を満たしていない。

引き続く②「準備書」においては、すでに騒音測定データなどが詳細に盛り込まれていて、事業者の結論を明示する形になっている。そして実際、③「評価書」は、②と記述内容がまったく同じで、ページ番号も同じである。その間に、住民たちがさまざまに意見書を提出したり、変更を求めたりする運動を尽くしているが、聞く耳を持たないという態度が明白である。これは、本来の環境アセスメントの精神を踏みにじるものである。「アセス法」自体が形骸的に規定されていて、事業者の露払いの役割にしかなっていないともいえる。

実質的に、環境アセスメントの内実を無視している顕著な例は、第2章で詳しく述べた騒音問題である。現状でも予測される騒音値でもさまざまな環境ガイドラインが求める許容限度を超えていることが明らかであるにもかかわらず、そして、将来鉄道の高速化や過密化が予想されるにもかかわらず、それを改善する代替案を求めようとしていない。今日の社会環境では地下化は経済的にも引き合うことは、すでに第4章1項などでるる述べた。そのような単純な事実に目をつむって古い観念に固執する意図は何なのであろうか。

注

注1　宮野義康「鉄道と道路の連続立体交差事業による周辺市街地への影響について」一頁 http://www3.grips.ac.jp/~up/pdf/paper2013/MJU13619miyano_abst.pdf

注2　第一九八回東京都都市計画審議会議事録、一一頁
注3　全国連続立体交差事業促進協議会「踏切すいすい大作戦　連続立体交差事業とは」
http://www.renritsukyo.com/02FumikiriSuisui/overpass/s10_whats/renritsu3_.html
注4　東京都建設局「京王電鉄京王線（笹塚駅〜仙川駅間）の連続立体交差事業及び関連する側道整備について」
http://www.kensetsu.metro.tokyo.jp/content/000005952.pdf#search=%27%E4%BA%AC%E7%8E%8B%E7%B7%9A%E5%B7%A5%E4%BA%8B%E8%AA%AC%E6%98%8E%E4%BC%9A%27
注5　東京都建設局「連続立体交差事業　効果3　地域分断が解消され、再開発や駅前広場の整備等が進み、まちが生まれ変わります」　http://www.kensetsu.metro.tokyo.jp/jigyo/road/kensetsu/gaiyo/00.html
注6　「首都高地下化検討会」国土交通省　http://www.mlit.go.jp/road/ir/ir-council/exp-ug/index.html
注7　「東京・日本橋　首都高の地下構想　景観論議、深める好機」『毎日新聞』二〇一七年一〇月二七日
https://mainichi.jp/articles/20171027/ddm/005/070/014000c
注8　「『無電柱化推進計画（案）』に関するパブリックコメントを実施します」国土交通省、二〇一八年二月一九日　http://www.mlit.go.jp/common/001221909.pdf
注9　「無電柱化『環七内側』に拡大」『日本経済新聞』二〇一八年二月一〇日
注10　山本努「東京メトロにおけるトンネルの維持管理と長寿命化への取組み」『SUBWAY』二〇一三年五月号、二六頁
注11　桝田・野口・兼松「日本建築学会　鉄筋コンクリート造建築物の耐久設計施工指針（案）・同解説の概要」『コンクリート工学』四三巻二号（二〇〇五年）、一一頁
注12　原科幸彦『環境アセスメント』岩波新書、二〇一一年、七〇頁。アセス法の規定のうち、方法書の段階などは一年後の一九九八年に部分施行された。
注13　原科、前掲書、七一頁

第5章　杜撰な建設計画

1　手戻りを前提とした不合理な計画

(1)　東京都の計画の概要

二〇〇九年に発表した「事業調査」の報告書において、東京都・京王電鉄は連続立体交差事業の案を複数検討したことを紹介し、その中からE案を選択したと記している。[注1] それを前提に作成された代田橋駅～明大前駅間の高架橋の断面図は図5-1のように記載されている。その図から読みとれることは、高架橋を先行施工する際に、後日追加施工する地下の線増線のトンネルの空間を避けるように、高架線の基礎を施工する計画になっている。その後、東京都が具体的な施工方法を都市計画事業の「工事図面」として発表したものが図5-2である。この図を見ると明らかに杭の位置が異なっており、高架橋を先行施工する際に地下の線増線の空間を塞ぐことを前提に工事計画が作成されていることが判明した。

この点について、住民らが質問したところ、東京都は、「まず現在の地上線を高架化し、それから何年か後に、地下に線増線を建設する。先行する高架橋の基礎は幅広の基礎フーチングで受け替えて、その下にシールド工法で地下鉄トンネルを建設する。シールドトンネルの位置には不要になった高架用の杭が残るが、これらはシールドマシンで切断しながら掘り進める」と説明した。なお、地下で高架用の基礎を受け替える工事の方法を「アンダーピニング工法」と呼んでいる。

しかし、いったん高架橋を作り、それから何年か後に、その下の杭を受替えてトンネルを掘るという工法を、約一㎞にわたって適用するという工事は前例がない。高架橋の施工後にトンネルの掘削が計画されているのであれば高架橋の基礎がトンネルに支障しないような構造に初めから設計するのが常識である。鉄道の線路方向に沿って、その地下を掘削するような工事を行うことに妥当性はない。

地中支障物の撤去はいずれにせよ非常に困難を伴う作業であり、最初から線増線も含めた計画を立てることができる今回のような状況では、建設した高架橋の橋脚を受け替えることがないようにあらかじめ計画しておくのが当然であり、あえて地中支障物を設置してからこれを撤去するという東京都の計画は工学的に不自然である。

東京都が計画しているアンダーピニング施工案は、永久構造物である鉄道路線の工事において、作ったばかりの高架線の基礎杭を受け替えることになり、

図5-1　「事業調査報告書」の断面図（E案）

地下に線増線を増設することを見越して予めその空間に干渉しないように高架橋の基礎を建設する計画になっている。

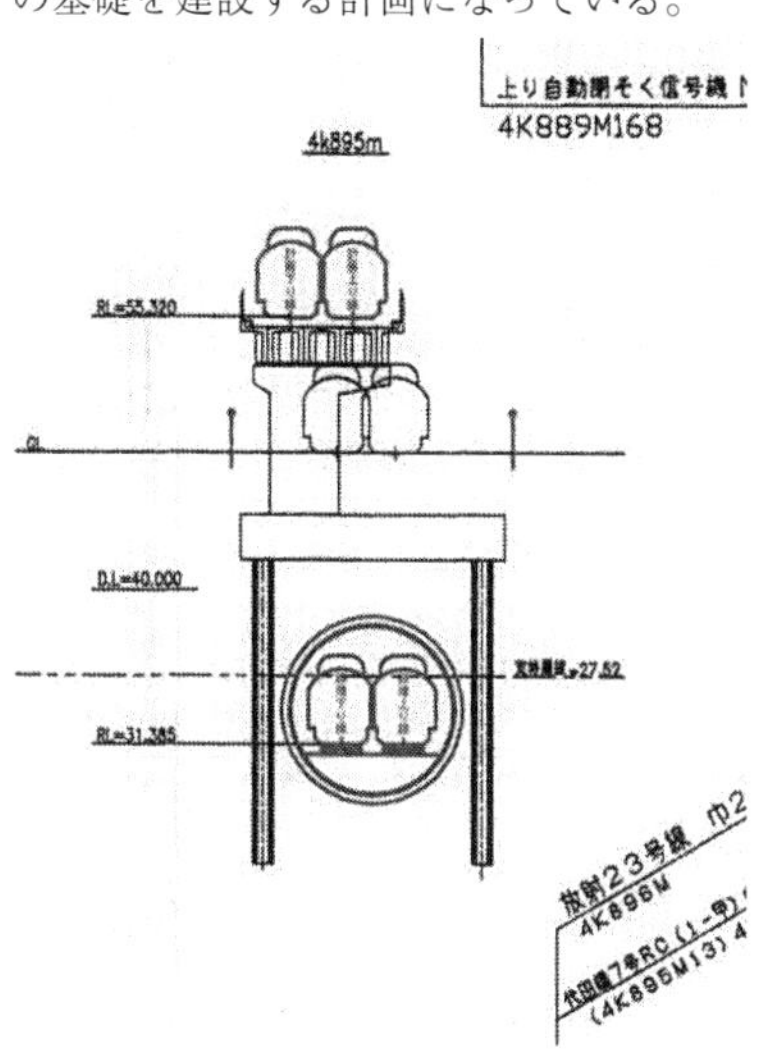

図5-2　都市計画事業の「工事図面」

代田橋駅〜明大前駅区間の高架橋の断面図を「F-F断面」として示しており、その杭の位置は将来の増線線トンネルの位置（筆者らが加筆した）を塞ぐ形になっている。

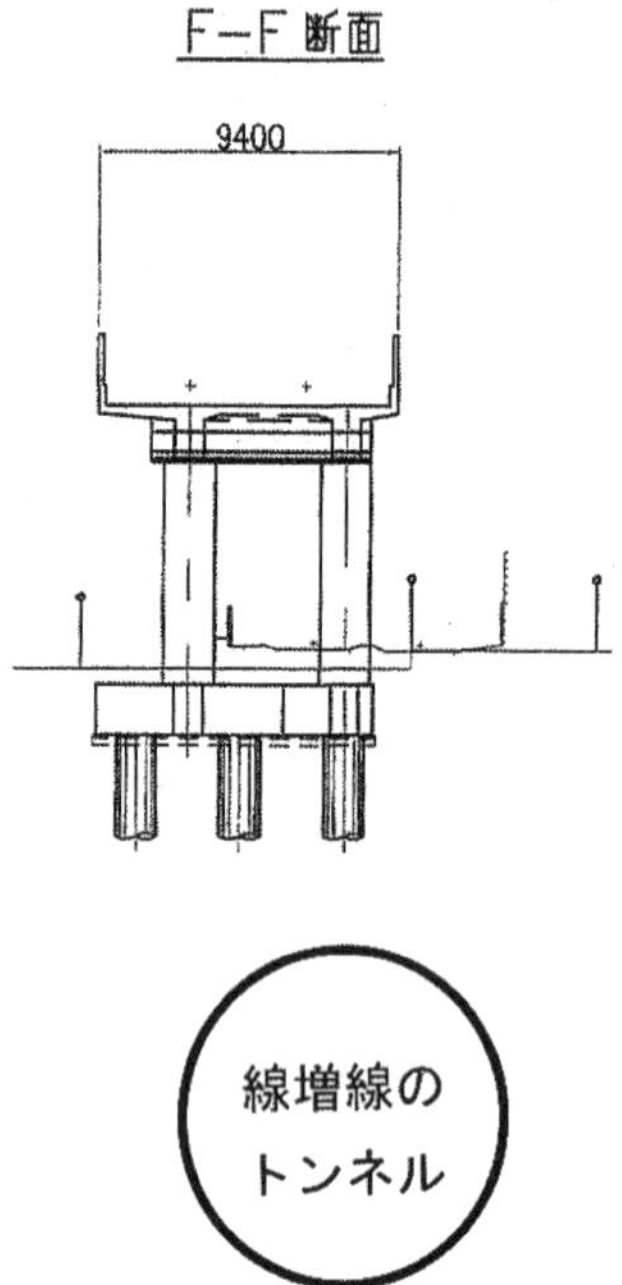

高架橋は長期耐用性にも大きな疑問が残る設備になる。シールドマシンが既存基礎杭を切削しながら掘進することによる地盤やその上部の高架橋、線路への影響は非常に大きく、構造物としての品質が劣化することは明らかである。トンネル標準示方書も、シールドマシンのカッタービットによる直接切削に関して、「切削時の振動やうまく取り込めなかった切削片等による周辺地盤の緩みや既存構造物への影響」に注意を促がしている。[注2]

(2)　高架橋の既存基礎杭をシールドマシンで切削した事例はない

地下構造物を作ることが当初から計画されているにもかかわらず、その地下構造物を作る際に障害になるので切削することを予め想定しつつ、地上構造物の基礎杭を施工する事例は見当たらない。既存基礎杭をシールドマシンで切削した例としてあるのは、下水道トンネルの施工例であって、二〇年以上前に取り壊された建物の、正確な場所のわからなくなった、わずか十数本の杭を切削した事例に過ぎない。新たに設置した杭であり、しかも列車が絶え間なく走行している線路の直下で、約一㎞にわたって、東京都が認めるだけでも五一本もある杭を切削することになる今回の計画とはまったく事情が異なる。また、文献「支障物対応型シールドマシンを用いた下水道トンネル施工」（東急建設、二〇一一年一一月二八日）においても、シールドルート上に支障物が存在する場合には、可能な限り地上から撤去するのが原則とされており、東京都が主張するシールドマシンによる切削工法が例外的なものであることは常識である。

東京都はコンクリート杭の切削に関して、「シールドマシン内から超高圧水を噴射して地中の鉄筋コンクリート（ＲＣ）杭や鋼矢板などを切断・除去する工法（「ＤＯ‐Ｊｅｔ工法」）についても、多数の施工実績がある」と主張する。

しかし、ＤＯ‐Ｊｅｔ工法は、「支障物の切断・除去の方法としては、まず地盤改良を行ったあとに掘進機を支障物まで前進させ、前方探査システムにより、支障物の位置、形状を確認し切断計画図を作成する。その後、切断計画に基づき切断用ノズルを回転および移動させて取り込み可能な切断ピースに細断する」もので[注3]、切削範囲はわずか三〇〇㎜強である。ＤＯ‐Ｊｅｔ工法で、基礎杭（木杭）を切断した事例を紹介した記事[注4]では、掘進量は、わずか一・五ｍ／二日であったとされ、施工日数は通常三二・二日のところＤＯ‐Ｊｅｔ工法では三〇一日かかり、約二六九日増であったと報告されている。このように、ＤＯ‐Ｊｅｔ工法は、気が遠くなるほど時間とコストのかかる工法である。

東京都は、「鉄筋コンクリート（ＲＣ）杭を連続的に切削し、撤去することも、技術的に十分可能である」と主張して、固い岩盤を掘ったシールドがあるという事例（玉石・岩盤を主体とした複合地盤における長距離シールド」『トンネルと地下』第三〇巻一一号、一九九九年、および「岩盤対応型大断面シールドによる道路トンネルの施工」『トンネルと地下』第三九巻一二号、二〇〇八年）を挙げている。しかし、「固い岩盤を掘ること」と「軟らかい土の中に埋まっている固い杭を切削しながら進むこと」は、全く異なる。それは、シールド施工に知見のある技術者には常識であって、上記のような岩盤の事例を挙げて、これをもって、「鉄筋コンクリート（ＲＣ）杭を連続的に切削し、撤去することも、技術的に十分可能である」などと主張することは誤りである。

このように、東京都は、全く前例のない未知の工法を用いて、実際に人を運んでいる鉄道の真下に、鉄道高架橋の杭を切断しながらトンネルを掘ろうとしている。首都の重要な都市高速鉄道において、そのような「実験」が許されるべきではない。

(3) 杭を切削しながらシールドマシンで掘削していくのは困難

上述のとおり、東京都は前例のないことを行おうとしているものであるが、これまでの専門家の経験から、東京都が強行しようとしている杭を切削しながらシールドマシンで掘削していくという工事がいかに理に反したものかをもう少し説明したい。

①　切削ビットの摩耗と交換

杭を切削する場合には、シールドマシンの面板には、最初から、杭を切ることを想定して通常の土を掘るためのティースビットのほかに杭を切るためのシェルビットないし先行ビットを装着しておくことになる。そうすると、杭を切る場所まで行く前に、シェルビットないし先行ビットは摩耗してしまう。場合によっては、杭を切るときになったら「使いものにならない」ことも考えられる。そうすると、通常のティースビットで硬いものを掘ることになり、ティースビットが破損してしまって、何も掘れなくなるという状況が起きる。

そのような場合には、トンネルの中に人間が入って、水が出てこないようにして取り替えなければならない。それができないようであれば、立坑を掘って取り替えなければならない。このために三カ月くらいはかかり、工期も延び、費用も掛かることになる。

②　シールドの蛇行量が大きくなって基礎杭に傷を付けてしまう可能性

今回の工事は、先行施工して残存する予定の杭との隙間がきわめて狭く、シールドの蛇行に対して許容量が五cm程度しか許されていない。通常の地山で蛇行量が五センチ以内で施工できたからといって、杭を切断しながら掘削する場合にも同様の蛇行量の範囲内で施工できるとはとてもいえない。一〇メートルもある機械を五センチの誤差で操作するのは困難で、「人間国宝級のオペレータがやって初めて作れるようなトンネル」である。現実には、シールドの蛇行は避けられず、本来傷つけてはならない高架橋の基礎杭を傷つけてしまう可能性が高い。それを避けるために慎重を期すには、多額の費用と長い工期が必要になる。

③ 切断した杭による掘削不能の可能性

切断した杭は、面板の後ろの部分に出てくるが、面板の後ろの棒に引っかかった場合には、面板が回らなくなり、その棒が折れたり、歯車が壊れたり、歯車を回すためのオイルシールが壊れたりして、掘削ができなくなってしまう。また、切断した杭がスクリューコンベアに詰まった場合にも、掘削ができなくなる。

このような場合には、人間が入っていって切断した杭を取り除かなければならないし、機械が壊れた場合には、その機械はそのままにして、別の機械をもう一台用意して、反対側から掘削していかなければならなくなる。もし反対側から掘削していくことができない場所であれば、全く別の工法を考えなければならなくなる。

このように、杭を切断しながら掘削をしていくことはきわめて困難であり、場合によっては施工が継続できなくなる可能性すらあり得る。

⑷ 杭を切削しながら行うアンダーピニング施工案は多額の費用がかかる

東京都は、事前に幅の広いフーチング（基礎用のコンクリート・ブロック）を施工する案と、後からフーチングを作って受け替え、シールドトンネルと干渉する杭を切るアンダーピニング施工案のコスト差がないと主張するが、そのようなことはあり得ない。

東京都から設計を請け負った大手設計会社の責任者も、「実現性の確認が目的の概略設計であったため、シールドマシンと杭支障に伴う工事費の算定までは行っていない」と認めている。[注5] これは、リスクや経験がないため、どれくらいの費用を見込んで良いのか分からなかったためである。

このように、仮に杭を切断しながら掘削していくことが可能であったとしても、多額の費用がかかることはあきらかであって、東京都はそのような費用の計算を緻密に行うことなく、アンダーピニング施工案を採用することにしたものと言わざるを得ない。

(5)　アンダーピニング施工案による構造物の耐久性の低下

アンダーピニング施工案と事前施工案を比較すると、アンダーピニング施工案では高架橋基礎の下にもう一層杭の支持力を受ける基礎台盤を設けることになり、荷重を伝達する接点が八カ所になる。一方、事前施工案では接点が四カ所である。接点が多いほど施工品質の管理がむずかしくなり、アンダーピニング施工案は、明らかに事前施工案に比べて強度上の信頼性が劣る結果になる。

また地中で建設する基礎台盤はその寸法の大きさと施工環境から一体施工はできず、コンクリートを打ち継ぐ分割施工にならざるを得ない。コンクリートの打ち継ぎ面のせん断強度は、一体で施工したものの半分にも満たない。

受け替え施工した部分の信頼性が劣ることは自明である。

2　手順を尽くしていない建設計画

現状の建設計画は、基本設計が尽くされていないために、このまま進めていくと不合理や無駄が発生する恐れをはらんでいる。基本設計は、仕様や図面を詳細に決めておいて、分かることは全て盛り込み、曖昧な点や後日の裁量に委ねるといった点の無いように規定すべきである。

工事入札のための引き合い仕様書の中で曖昧な点が残されていれば、受注者側も、入札金額に一〇％とか二〇％の余裕を含ませて入札・受注する。受注者がリスクを負担するように見えるが、実際は受注金額を膨らませるので、発注者にとっても不利になる。しかも、基本設計が煮詰まっていないまま実施に進むので、もし上流で別の選択をすべきであったという場合があっても、既成事実を戻すことができず、次善の策で我慢するということになる。それは発注者にとっても不幸なことである。海外の大規模工事に限らず、日本国内での工事でも、近年は引き合い時の仕様を詳細に規定するのが標準である。

そのような観点からすると、京王線の計画は、基本設計の詰めが終わっていない。そのため、発注者側にも受注者側にもリスクが残っている。その状態で契約がされてしまったという意味で、技術者が果たすべき当然の業務を果たしていない。とりわけこの工事は税金を投入する公共事業であり、金額も大きいから、無駄のないよう、施工者が再度基本設計をし直す必要のないように計画を煮詰めておくべきである。

京王電鉄作成の図面「代田橋ＢＬ、Ｒ４（アンピン）[注6]高架橋一般図（その１～３）」（一五二頁図５-４）には、署名や署名日の記載がない。これが契約の基準をなす図面であるというが、署名や署名日の記載がない図面は、検討過程の未完成図面であって、これで仕事をしてはいけない。これが契約の根拠をなす図面であるというのは信じがたい。建設工事のプロジェクト管理の柱の一つが、品質管理である。図面の品質管理は、署名と署名日を明示することで、トレーサビリティを確保する。後日何か問題が生じたときに、誰がどのような根拠に基づいて意思決定をしたかをたどれるようにすることである。その観点から見ると、この三枚組の図面はだれが責任を負うのかが明示されていない。このような図面や仕様書は、誰も責任を負わない無責任なものである。

３　アンダーピニング施工案採用の意思決定

⑴　あるべき建設計画の手順

この種の大規模な建設工事のプロジェクト計画の目標を要約すると次の三点に絞られる。

ア　金額が最小であること
イ　工期が最短であること
ウ　品質管理が最適であること

もしプロジェクト計画が不適切であったら、手戻りや修正や品質不良が発生して費用が無駄になるだけでなく、設備の出来上がりもつぎはぎだらけで劣悪なものになる。そういうことを示す指針として、日本では昔から「段取り八分」という言葉が言われてきた。要するに、「計画に八〇%のエネルギーを使えば工事がうまくいく。段取りをしっかりしないでいきなり工事に着手すると、材料や労働者がそろわなかったり、施工途中に手戻りが生じたりして無駄な費用が掛かり、できたものもツギハギで品質が悪くなる」といった意味合いである。

近代的な土建業界のスタンダードとしてもっとも典型的なのは、アメリカの建設業協会(CII)が出している「プロジェクト期間の分析」である。

この図は、横軸が時系列で、左から右に行くにしたがって、工事が進んでいくことを示す。左上から右下に下がっている線は、出発点における計画の重要さ、つまりプロジェクトの経済性に与えるインパクトの大きさを示している。初期段階作業1で、エンジニアリングの労力は全体の一~五%を投入して事業化計画を行う。もしそこで間違うと、経済的損失はプロジェクト全体の五〇%に及ぶ。初期段階作業2では、経済性に与える影響が三〇%になる。初期段階作業3では、ブレの範囲が一〇%になる。

右上が高くなる線は、工事費全体の費消割合を示すもので、初期設計段階には費用の支払いは少なく、実際に建設工事が行われる後半に費用投入割合が高くなることを示している。要するに、

図5-3　プロジェクト期間の分析

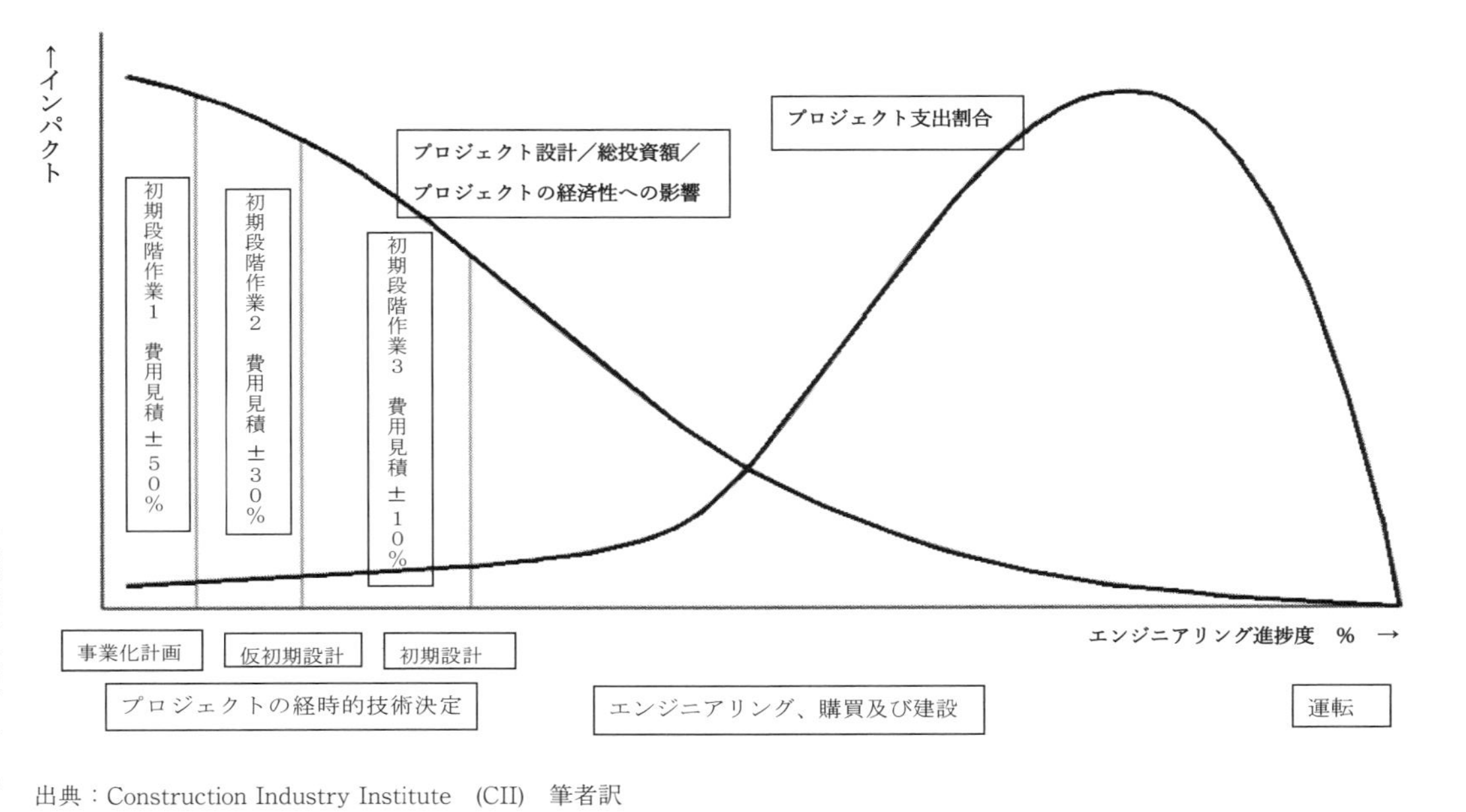

出典：Construction Industry Institute（CII）筆者訳

計画の初期に十分な人と時間を投入して、完成度の高い計画を作るほど、後に発生する費用の無駄が少ない、逆に、初期段階の方針決定を間違えると、とんでもない損失が発生する、ということを示すグラフである。

そういう視点で、今回の京王線の線増線工事計画の「アンダーピニング工法」を見ると、いったん杭基礎を作って、後にその杭を切断してトンネル工事を行うというものであり、計画としては最悪である。トンネル工事が予想されるなら、高架用の杭と基礎は、トンネルを通す空間を避けて作るべきである。さらに、工事は下から順に積み上げていくのが基本であり、仮に高架と地下の線路を二段に作るなら、先に地下の線路工事を行い、その後に高架工事を行うべきである。費用からいっても、手戻り費用が発生するので、アンダーピニングを行う区間は二倍はかかると思われる。工期も、二倍くらいかかると考えられる。

本来、アンダーピニング工法が採用されるのは、既設の障害物数本を避けられなくてどうにもならないときの手段である。最初から五十本強も杭を打って、数年後にそれを切るという計画は、まったく常軌を逸している。この施工法を採用する理由として東京都は、連続立体交差を早期に完成させるために、先に二線高架を施工する必要があると主張している。けれども、最初に地下設備を施工し、その次に高架線を建設する手順であると連続立体交差が遅れると言うのであれば、そもそも東京都の二線高架・二線地下案自体に問題があるのであって、全面地下案を真摯に検討すべきである。基本設計をきちんとやり直すと言っても、それに要する期間は半年から一年程度である。高架化のためには土地買収に時間が掛かり、本格的な着工には一年以上かかるであろう。プロジェクト完成時期にはほとんど差がないと考える。

以上を踏まえると、本件事業計画は、基本設計としてなすべき仕事を完了していない。技術上の主要な問題点を未解決のまま放置している。その結果施工手順も場当り的なものになっていて、あまりにも不合理である。しかも、五〇年以上前の計画を墨守していて、都市計画上の配慮においても、技術進歩の反映においても、著しく時代の要請から外れている。現代の都市部における鉄道事業計画という観点から、四線地下案について真摯に検討すべきである。

(2) アンダーピニング案は計画時には検討していなかった

法廷における訴訟の場において筆者らは「アンダーピニングのような手戻りを生じる工法は計画初期に検討して、手戻りの無いようにするのが健全な施工計画である」と主張した。それに対して東京都は当初「それは詳細設計の中で検討すればよい程度のわずかな変更であるから、基本設計の段階で検討する必要はない」と主張していた。

その後、次第に事の重大さが認識されてきて、図５‐４のタイトルブロックを付したアンダーピニングの図面を添付した「京王電鉄京王線（笹塚駅～つつじヶ丘駅間）連続立体交差化及び複々線化事業　代田橋ＢＬＲ４高架橋（アンダーピニング施工案）設計計算書（抜粋）」（京王電鉄株式会社）という書類を提出してきた。[注7] 署名者や日付などが不明であったので、住民らが東京都に情

図5-4　京王電鉄作成図面のタイトルブロック

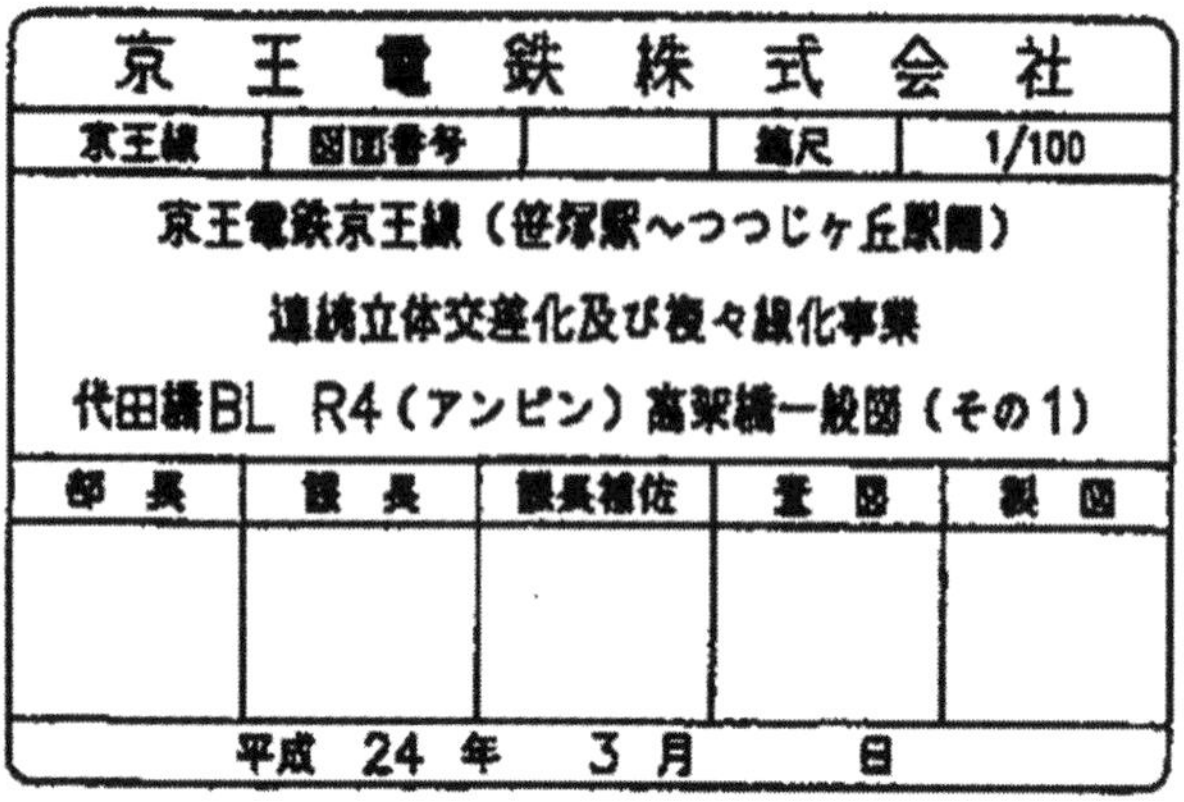

京王電鉄株式会社

京王線	図面番号		縮尺	1/100

京王電鉄京王線（笹塚駅〜つつじヶ丘駅間）
連続立体交差化及び複々線化事業
代田橋BL　R4（アンピン）高架橋一般図（その1）

部長	課長	課長補佐	査図	製図

平成　24　年　3　月　日

報開示請求をして同名の書類で、抜粋ではないものを求めたが、東京都には、そのような書類が存在しないことが判明した。そこで、法廷で該当する書類提出を求めたところ、表題も一致せず、作成者が東京都と京王電鉄の連名になっていた。つまり、東京都と京王電鉄は、法廷において住民側の指摘を受けてから事の重大性に気づいて、アンダーピニング工法を検討し、書類をバックデートしてつじつまを合わせようとしたのではないかと推測される。

(3)　新幹線建設コストにおける地下化の優位性

独立行政法人鉄道・運輸機構の玉井真一氏は、一九八九年の整備新幹線方式における北陸新幹線工事認可以降の建設コスト縮減の実績を報告している。[注8]

各区間のトンネル比率とキロ当たり建設費の関係を（比較すると）、トンネル比率の高い線区ほどキロ当たり建設費が安くなっていることがわかる。これは、トンネルでは坑口部付近を除いて用地費が基本的に不要であることと、各種技術革新によるトンネル工事のコスト縮減の結果であると考えられる。（中略）

トンネル建設費が明かり構造物（トンネル以外の構造物）に比して低下したため、整備新幹線の構造計画ではトンネルの比率を積極的に高めている。

都市の住宅密集地帯で高架工事を行うとすれば、その両側に工事空間を設ける必要があって広範な面積の用地買収を行わなければならない。しかも、その単価は整備新幹線の沿線とは比較にならない高価なものである。他方、地下鉄の場合は、坑口部付近以外の用地買収は最小限にとどめることができる。つまり、地下化によるコスト縮減効果は整備新幹線の工事以上に大きいことが期待できる。

4　線路配置と運用計画

東京都および京王電鉄は連名で、連続立体交差化及び複々線化の〈構造形式〉を決めるため、「事業調査」を行った。[注9]〈構造形式〉とは、高架化や地下化などの線路の配置である。「事業調査」

では、いくつかの考えられる前提条件に基づいて高架化や地下化の案を作り、それぞれの案の比較評価を行っている。その結果、二線高架二線地下の〈構造形式〉が選ばれ、東京都は高架化の都市計画決定を行ったと報告している。

しかし、筆者らの目から見ると、〈構造形式〉の案を作る前提条件や案の比較評価には不合理な点がある。筆者らは「事業調査」の前提が不合理であったために地下化案が選ばれなかったと考えている。不合理をもたらした原因は、高架の八幡山駅を残すことを前提としたことであり、その上に線路配置に伴う運用の便不便が正当に比較検討されていない点である。

(1) 高架の八幡山駅を残すという前提条件

「事業調査」では、高架化が完成した笹塚駅と八幡山駅の改築は原則として行わないという前提条件をおいている。

八幡山駅は一九七〇年に高架化された。二〇一八年時点で完成から四八年が経過し、鉄筋コンクリートの高架橋は老朽化が進んでいる。このまま笹塚〜仙川間の高架化が進むと、八幡山駅だけ五〇年以上古い高架橋が残されることになる。八幡山高架橋の寿命が来ると、八幡山駅が使えないだけでなく、京王線の列車の運行ができなくなる。そのため、いずれにしても八幡山駅は近い将来、延命や架け替えなどの対応を迫られることになる。

そう考えると、今回の連続立体交差化で、老朽化した八幡山駅の高架橋を残すことを前提条件

図5-5　線路配置の種類
比較対象とされた三つの〈構造形式〉

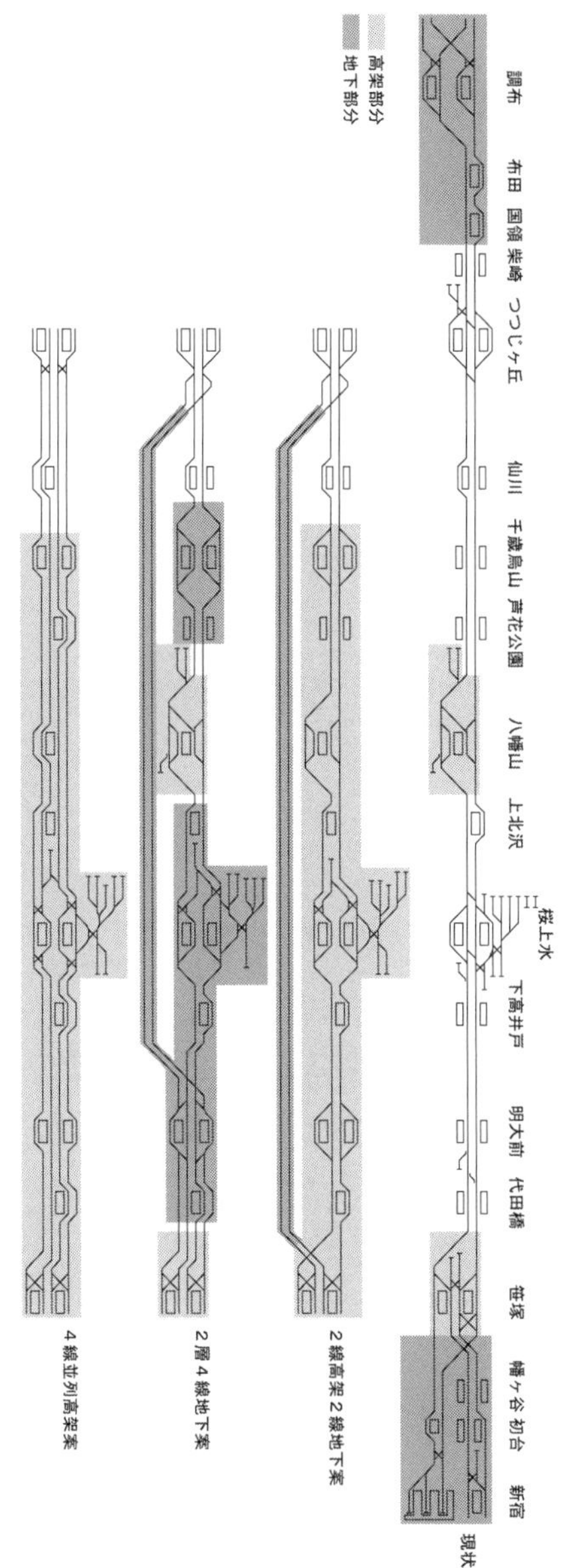

出典：「事業調査及び関連調査　報告書」2009年より作成

にするのは不合理である。

(2) 線路配置が比較されていない

「事業調査」では、〈四線並列高架案〉、〈二層四線地下案〉、〈二線高架二線地下案〉の三つの〈構造形式〉が比較評価された。それぞれの案の線路配置(配線)は図5-5に示す通りである。

三つの案では線路配置がまったく異なることがわかる。たとえば、〈二線高架二線地下案〉では、明大前駅には地下急行線が停まらない計画になっている。この制約条件は、鉄道通の人びとの間では広く問題視されていた。注10

特筆すべきは、地下新線には停車駅が一切設けられず、笹塚—つつじヶ丘間無停車の運行が想定されている点である。事実上特急列車専用線ということになろう。現状最大の乗換駅である明大前駅までも通過駅とする大胆な構想で、完成後は新宿—調布間の到達時間は大幅な短縮となることが予想される。一方、自社線どうしの乗換駅である明大前駅には高架線だけが停車駅となるので、高架線は普通列車専用とは成らず、高架線にも急行系列車が残存することとなる。急行系列車の停車駅も大幅に変更されることになるが、特急が地下線経由、準特急が高架線経由となるのではなかろうか。

図5-6　〈線路別複々線〉と〈方向別複々線〉の列車の運行方法の違い

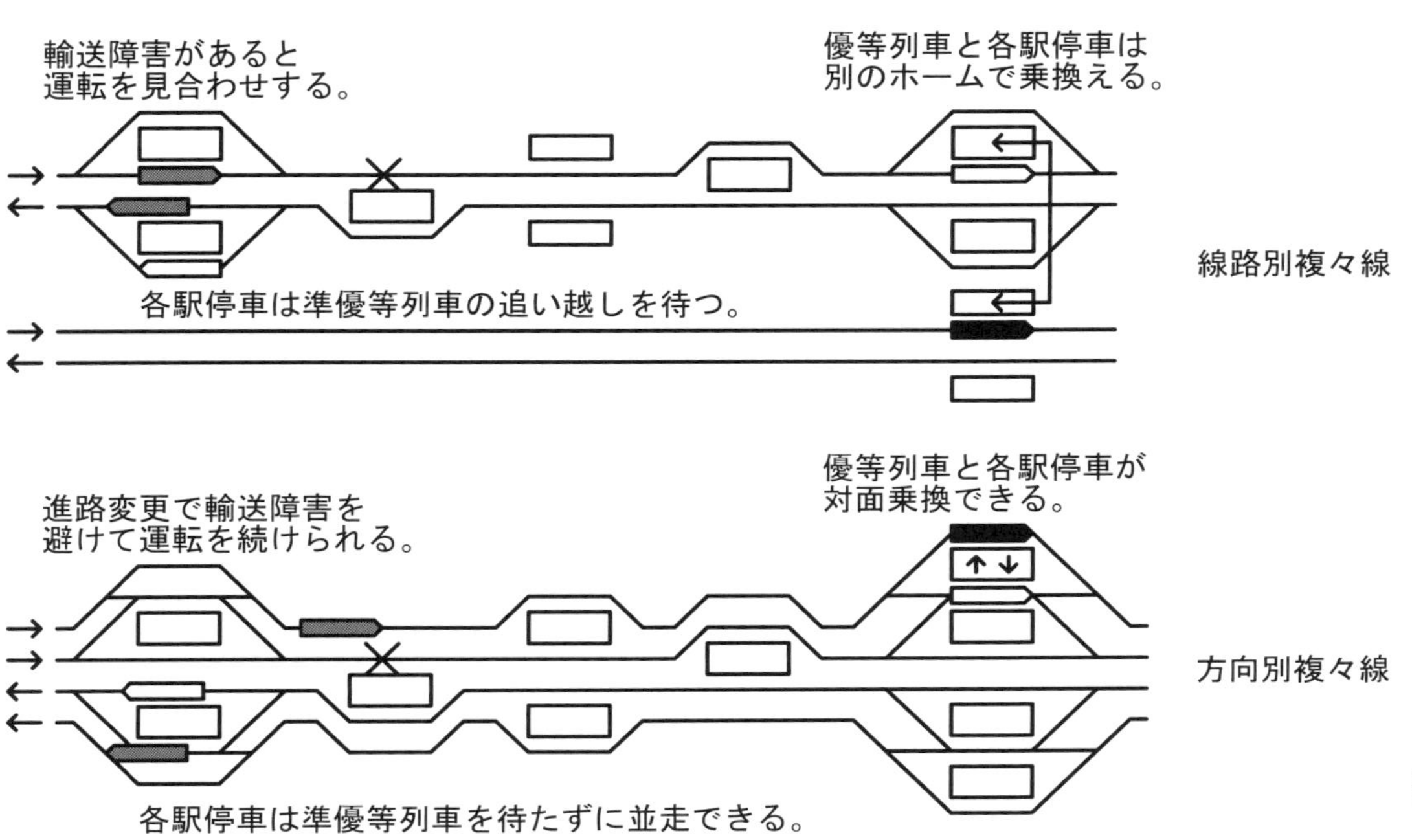

つまり、四線複々線化したといっても、つつじヶ丘から新宿寄りの乗客には現状と比べてほとんど時間短縮の恩恵を受けられないという結果になる。しかも、沿線住民にとって騒音被害の緩和も望めないことになる。線路の上を走る列車は、線路配置の制約を受けている。線路配置が異なれば、列車の運行方法は異ならざるをえない。しかし、「事業調査」では線路配置が運行条件に与える影響を比較評価されていないのである。

次に、複々線（四線）の線路配置は、〈方向別複々線〉と〈線路別複々線〉の二つに分けることができる。方向別複々線は四車線道路のように、同じ向きの線路が二本ずつ計四本並んだ線路配置である。〈線路別複々線〉は複線を二つ並べて四本にした線路配置である（図5-6）。

〈方向別複々線〉と〈線路別複々線〉における列車の運行方法の違いを比べてみよう。

〈線路別複々線〉では、急行線を走る優等列車と緩行線を走る各駅停車を乗り換えるには、別のホームへ移動する必要がある。一方、〈方向別複々線〉では、優等列車と各駅停車は同じホームの向かい側で乗り換えることができる。利用客の利便性は〈方向別複々線〉の方が優れていることは、一目瞭然である。

〈線路別複々線〉では、片方の線で事故や点検などの輸送障害が発生しても、もう一方の線へ避けて通ることはできないので、運転見合わせとなる。一方、〈方向別複々線〉では、隣の線路を走行することで輸送障害を回避して運転を続けることができる。事故や点検による異常事態への対応力も、〈方向別複々線〉の方が優れていることがわかる。

〈線路別複々線〉では、準優等列車と各駅停車が緩行線を走っていると、各駅停車は準優等列車が追い越すのを駅で待つことになる。一方、〈方向別複々線〉では、準優等列車は急行線と緩行線を行き来することができるので、各駅停車を追い越すときには急行線を走っていれば、緩行線の各駅停車を待たせずに追い越すことができる。各駅停車の速達性も、〈方向別複々線〉の方が優れていることがわかる。

これらの例からわかるように、〈方向別複々線〉は急行線と緩行線の間を列車が行き来することができるので、柔軟な運行が可能である。将来輸送需要が変化したときにも対応しやすい。ニューヨークの地下鉄のように、片方の線路を点検しながら二四時間運転を行うこともできる。また、〈方向別複々線〉は急行線と緩行線を分けて使うこともできるので、〈線路別複々線〉の機能も兼ね備えている。〈方向別複々線〉が〈線路別複々線〉よりもずっと優れていることがわかる。

「事業調査」の三つの案をみると、〈四線並列高架案〉は〈方向別複々線〉、〈二層四線地下案〉は笹塚~明大前が〈方向別複々線〉で明大前~つつじヶ丘が〈線路別複々線〉、〈二線高架二線地下案〉は〈線路別複々線〉であることがわかる。都市計画決定された〈二線高架二線地下〉の線路配置は、全区間が〈線路別複々線〉になっている。日本の私鉄では、四㎞以上の長い複々線はすべて〈方向別複々線〉になっている。笹塚～つつじヶ丘（八・三㎞）を〈線路別複々線〉にする〈二線高架二線地下案〉は、完全に利用者の便を無視した非常識な案であるといわねばならない。

このように、線路配置は列車の運行方法の制約となる非常に重要な要素である。線路配置によって鉄道施設の価値が変わってくる。しかし、東京都・京王電鉄の「事業調査」では、検討対象の三案についてこれらの運行上の使用価値がまったく比較評価されていない。このような杜撰な計画は、公共事業の名に値しない。

5　旧都市計画法違反の疑い

(1)　一九六九年決定の決裁の状況と旧都市計画法違反

国立公文書館に保管されている昭和四四年（一九六九年）決定の都市計画の原簿[注11]によると、昭和四四年決定の決裁状況は以下のとおりである。

まず、建設省職員は、昭和四四年三月一七日、「東京都市計画高速道路の変更について」と題する建設省決裁文書を作成した。これには、「上記のことについて、次のとおり審議会に付議し原案どおり議決答申されたときはこれを決定し告示してよろしいか、伺う」と記載され、その後に、建設大臣欄および政務次官欄には赤鉛筆でマークのようなものが書かれ、事務次官以下の押印がされている。

当該決裁文書には、これにより同年四月四日付けで決裁をし、同年四月二六日付で答申を得て、建設省告示第二四三〇号として告示した旨の記載がある。

しかし、昭和四四年決定について、関係書類を確認しても、「内閣の認可」を示す資料は一切見当たらない。この点、国も、内閣の認可は必要なかったと主張しており、そうした認可のなかったことを認めている。

旧都市計画法三条一項は「都市計画、都市計画事業及毎年度執行スベキ都市計画事業ハ都市計画審議会ノ議ヲ経テ主務大臣之ヲ決定シ内閣ノ認可ヲ受クヘシ」と規定していた。したがって、昭和四四年決定は、旧都市計画法三条により必要とされる「内閣の認可」が欠落していることになり、法の要求する手続を踏んでいないため、旧都市計画法に違反し、明らかに違法である。

(2)　東京都の主張

太平洋戦争中の昭和一八年勅令第九四一号（「戦時特例」という）に、戦争を遂行するために行政手続きを簡素化するとして、「都市計画法第三条の規定による内閣の認可」については受ける必要がないとしている（二条一号）。戦後それを昭和二一年三月一九日付けで、昭和二一年勅令第一五三号により、戦時特例（勅令）は「都市計画法及同法施行令臨時特例」に改題された。この「臨時特例」が昭和四四年にも生きていて、内閣の認可を受けなかったけれども違法ではない。東京都はこのように反論している。

(3) 戦時特例法はすでに失効していた

「臨時特例」は、明治憲法第九条に基づいて設けられた勅令である。同九条は「但シ命令ヲ以テ法律ヲ変更スルコトヲ得ス」と規定されているように、勅令をもって法律を変更することはできないのであるから、「臨時特例」をもって旧都市計画法三条の「内閣の認可」を必要とする点を変更することは許されない。

そして、日本国憲法は勅令を認めていない。日本国憲法前文は、主権が国民に存することを確認し、「これに反する一切の憲法、法令及び詔勅を排除する」と明言している。さらに、明治憲法下で有効であった勅令でも、「日本国憲法施行の際現に効力を有する命令の規定の効力等に関する法律」(昭和二二年法律第七二号)一条は、「日本国憲法施行の際現に効力を有する命令の規定で、法律を以て規定すべき事項を規定するものは、昭和二十二年一二月三十一日まで、法律と同一の効力を有するものとする」と規定している。これにより、昭和二二年一二月三一日までに法律として制定されなかった勅令は失効する。そして、「都市計画法及び同法施行令臨時特例」の内容は、法律として制定されなかった。

したがって、臨時特例が、昭和四四年決定当時、失効していたことは明らかである。

国及び東京都は、地域住民が上記の違法性に気付かない間に、本件事業を推し進めて既成事実を作ろうとしていたのであり、法治国家における行政として、あるまじきことである。

注

注１　「京王京王線（代田橋駅～八幡山駅付近）連続立体交差事業のための事業調査及び関連調査報告書」東京都・京王電鉄、二〇〇九年三月
注２　同示方書、二〇一頁
注３　「地下鉄駅直下の残置杭をＤＯ‐Ｊｅｔ工法で切断撤去」『トンネルと地下』第四二巻二号。二〇一一年
注４　「ＤＯ‐Ｊｅｔ工法による既設下水道管の防護および基礎杭の切断・除去」『トンネルと地下』第四七巻三号、二〇一六年
注５　二〇一七年五月三一日付け回答書三頁
注６　東京都の文書中の「アンピン」という言葉は、「アンダーピニング」を略称した俗語である。設計文書にこういう身内だけの俗語を使用する態度そのものが、文書管理の杜撰さを示していると言える。
注７　丙六二号証
注８　玉井真一「新幹線を知る　第七回　建設コストの縮減」『土木学会誌』九六巻八号、二〇一一年、一三七頁
注９　「京王京王線（代田橋駅～八幡山駅付近）連続立体交差事業のための事業調査及び関連調査報告書」東京都・京王電鉄、二〇〇九年三月
注10　村松功『京王電鉄まるごと探見』ＪＴＢパブリッシング、二〇一二年、一一九頁
注11　甲五九号証

第6章　住民のためのインフラ建設を求めて

1　高架計画が変更されない理由

ここまで、地元住民が現状でさえも騒音や振動に悲鳴を上げていること、防災や社会的便益からいっても高架計画を地下化に改めるべきこと、複々線化の施工計画においても高架計画は不合理なことをるる述べてきた。それにもかかわらず、時代の趨勢に逆らってほぼ五〇年前に策定された高架計画を押し通そうとしているのには、どのような社会的な力学が働いているのであろうか。どうやら、公共工事を決定する仕組みに問題がありそうである。それでも、同じ京王線の隣接区間である調布市内で地下化が実現した。その違いは、何によって生じたのか。初めに先行する調布市内の地下化実現の動因を探り、次に大部分が世田谷区に属する当該区間の事情を考える。

(1)　調布市で地下化が実現したのはなぜか

調布駅付近連続立体化交差事業は、柴崎駅～西調布駅間約二・八kmと、相模原線の調布駅～京王多摩川駅間約〇・九kmの区間を地下化することにより、駅周辺はもとより駅間の線路跡も自由な空間として開放され、すぐれた街づくりが実現しつつある。このことは図1・2～図1・4に見た通りである。この区間の都市計画決定は二〇〇二年に行われ、工事は二〇〇三年度から二〇一四年度にかけて行われた。最終的な都市計画決定が行われるまでの経緯は『調布市議会五〇年史』に詳しいが、歴代の市長および市議会が熱心に連続立体化をまちづくりの要として追求してきたことが記載されている。[注1] そして、筆者らが地元市議会議員らにヒアリングしたところ、沿線住民の間に騒音問題を改善するために一貫して地下化を求める運動があったことが伝えられた。

調布市では、市長選においても議会議員選挙においても長年保革伯仲で、政治家たちには緊張感があって、市民の意向に敏感な土壌があるといってもよい。そのことが地下化の要求が実現した原動力ではないかと考えられる。

なお、東京都は直前まで地下化費用は高架化の三倍と言って地下化を拒絶していたのが、直前になってほぼ同額として地下化を肯定した経緯があり、都の費用見積の信ぴょう性には疑問を懐かざるを得ない。[注2]

(2) 当該区間の事情を考える

それに対して、現在私たちの争点になっている京王線の世田谷区内を主とする区間はどうであろうか。

当然原告団としては、世田谷区長をはじめ、区議会議員たちに面談して要請をして回った。しかし、基本的には東京都にげたを預ける態度が目立ち、住民の生活環境改善に力を貸そうという人物は稀であった。

世田谷区は、かつて横浜市や神戸市と並んで全国で最初の「街づくり条例」を一九八二年に制定するなど、都市計画の分野では全国的に見ても先頭集団を走っていたという歴史がある。[注3] 残念ながら、一九九〇年代の都市計画における規制緩和以来、東京都も世田谷区も、今はすっかり腰砕けになって事業者のわがままに迎合しているといえないであろうか。

世田谷区議会内の勢力図は、長年の間、保守党議員が約三分の二を占めていて、東京都議会および国会同様に、行政府と一体になり、市民の生活環境よりは公共事業にまつわる政官財の利益を擁護する傾向が強かったのではなかろうか。鉄道高架化という事業には、鉄道工事そのものに加えて、駅前広場の大規模開発に伴う建設業および不動産業のビジネスチャンスが大きく創生され、早い段階でインサイダー利権が確立し、それに一部の議員が参加しているのではないかと推測される。

明大前では、いままで住宅地だったところに突然広大な面積の駅前広場が都市計画決定され、すでに買収が行われている。高架にした時に、駅前などをどう変更するかを熟知したインサイダーたちによって既得権益化してしまうと、自治体職員たちもそのインサイダー（具体的には一部の都議会議員）の意見に沿わざるを得ないという構図になってしまう。おそらくは、区役所職員も、都庁の職員も、これらの圧力に押されていると思われる。

2　官僚機構における意思決定

⑴　文書による意思決定のトレーサビリティ

今回、京王線高架化工事計画のアンダーピニング工法を示す東京都と京王電鉄連名の図面のタイトルブロックはいずれも作成者や承認者のサインがないことを第5章2節で述べた。これが、正式の証拠書類として裁判所へ提出された文書である。[注4] ということは、組織としてサインの無い図面で仕事がなされているということであろう。この問題は二〇一六年七月の選挙で当選した小池百合子現都知事が就任直後に安全上の理由で、同年一一月に予定されていた東京都中央卸売市場を築地から豊洲へ移転する計画を延期した事情と同根である。[注5] 豊洲市場の土壌汚染対策のために計画段階では四・五mの盛り土をする予定であったが、現実にはそれが行われていなかったことが判明したのである。[注6] 豊洲市場の地下空間の設計仕様書が曖昧で、だれがどのように意思決定したか分からず、それを跡付けるために二カ月間調査を行って、第一次調査報告、第二次調査報告を発表せざるを得ない結果となった。[注7]

われわれ、技術者たちの世界では、洋の東西を問わず、作成した図面や仕様書には、必ず設計者や照査者、承認者が署名と日付を記入して、どのような経緯で、いつだれがこのような設計上の意思決定を行ったかを追跡できるようにしている。それは、品質管理のイロハである。この京王電鉄のタイトルブロックには、一人ひとりが日付を記入することを予定していない。そのこと自体でも、責任の所在があいまいな組織であるといわなければならない。

(2) 下請け設計会社の社員が設計者代表として意見書提出

東京地裁における弁論の過程で、被告である国（国土交通省関東整備局長）及び参加人である東京都・京王電鉄の設計内容を説明する証人として、大手設計会社の設計責任者が意見書を提出して、現在の設計が合理的である旨、るる説明した。本来なら、東京都や京王電鉄で設計上の意思決定をした技術部門の責任者が出廷して説明するのが筋であろう。現実には、国土交通省、東京都、京王電鉄といった事業発注者の組織内の技術者たち（官庁では「技官」という）は、プロジェクトのコーディネーションだけを行い、設計会社に発注することが常態になっている。[注8] それで、下請け会社の設計者が、法廷で事業主体の代弁をするという形態になってしまったのである。それでは、このような下請け会社の設計者が意見書で述べたことについて、発注者である官庁や電鉄会社は責任を取れるのであろうか。

識者は、日本の技術官僚の組織の中では、だれが「責任者」であるかを特定できる構造とはなっていない、と指摘している。[注9]

官庁における執務の形態は、……ひとつの大部屋で執務している。……こうした執務形態

としての大部屋主義は、所掌事務についても同様なのである。……事務のさだめ方と執務の形態に見る大部屋主義では、その組織のかかえる政策・事業問題に関する情報が、職員の間で共有される。このこと自体は好ましいとしても、そこから導かれる回答は、「部屋」の平均的見解をまとめたものであり「完全解」とはならない。……管理者と下僚との関係が明確に秩序づけられていない状況下では、官僚たちが現状追随的回答をもって満足してしまうのも、当然の結果であろう。

しかも、（実務を担う技術職の）ノンキャリア組職員は「規則保守派」ともいわれるように、実務を遂行する際には先例の踏襲や既存の法令解釈を重視し、自らの責任が問われる事態を回避する傾向にある。彼らの上司であるキャリア組官僚も、そのポジションの在職期間が制限されていることにくわえて、管理者である部局内にいちじるしい不協和音や業務の停滞が生じたときにのみマイナス評価される、いわゆる「減点主義」で成績査定がおこなわれるゆえに、「大胆な」業務遂行方針の革新を指示することがない。ここに行政のイノベーションが妨げられる要因があるのだ。

五〇年前に企画された連続立体交差事業が、今日の新しい沿線住環境や市街地の発展、防災上の要請、そして、シールド工法の技術進歩や経済合理性に照らせば、だれが見ても地下化を選択することが合理的と思われる。それを拒否して、古い計画に固執する理由は、ひとえに官庁内の

意思決定変更拒否の心理に支配されているためだと思うと、悲しいとしか言いようがない。

(3) 競争入札の条件破壊

東京都・世田谷区・京王電鉄は連名で、二〇一六年三月八日に地元で工事説明会を行った。その資料として、表6‐1に示された八つの工区の区分と受注業者のリストが配られた。どのような手続きによってこれら八組のジョイント・ベンチャーが決定されたのかは詳らかではないが、公共工事であり、東京都を主契約者とする公共工事であるからには当然入札が行われたのであろう。

しかし、疑問が生じるのは京王の名前が入っていることである。これは「京王建設」という子会社で、当然発注者の一つである京王電鉄とは別会社であるが、それでも、インサイダーではないかという疑いをぬぐえない。

最近似たような入札の関係から談合疑惑が明るみに出た事件があった。リニア新幹線の建設工事入札に関する談合が行われた事件である。発注者がJR東海である工事の入札に、大林組がジェイアール東海建設（JR東海の一〇〇%子会社）とジョイント・ベンチャーを組んだことが大林組を有利にして、公平な競争を妨げたという事実である。、そのようなジョイント・ベンチャーの組み方を業界が認めあうことが入札者相互の談合を形成することにつながったという経緯がある。新聞記事は次のように取材結果を報じている[注10]。

複数の大手ゼネコン幹部は「ジェイアール東海建設がＪＶに入ることは受注するために有利。工事情報も入る」と指摘する。特捜部が偽計業務妨害容疑で大林組を捜索した際に容疑対象となった名古屋市の非常口新設工事でも、大林組のＪＶにジェイアール東海建設が参加していた。

大成建設側は、ジェイアール東海建設が大林組ＪＶに入ったことで、大林組を有利とするＪＲ東海の意向と受け止めた。提案内容で競ったが、結局受注を断念。駅中央西区は一六年九月に大林組が受注した。

表6-1　各工区の受注会社

工区	箇所	受注者
１工区	代田橋周辺	大林・京王ＪＶ
２工区	明大前周辺	大成・竹中土木ＪＶ
３工区	下高井戸周辺	清水・三井住友ＪＶ
４工区	桜上水周辺	鹿島・京王・東亜ＪＶ
５工区	上北沢周辺	鴻池・竹中土木ＪＶ
６工区	芦花公園周辺	東急・京王・鉄建ＪＶ
７工区	千歳烏山周辺	安藤・間・浅沼ＪＶ
８工区	千歳烏山～仙川間	戸田・銭高ＪＶ

出典：東京都・世田谷区・京王電鉄による工事説明会資料、2016年3月8日

要するに、発注者側のＪＲ東海も公正な入札を求める気がなかったということである。大林組、鹿島、大成建設、清水建設の四社は二〇〇五年一二月に「談合決別宣言」を出した。だが、その後も談合事件は後を絶たない、と報じられている。[注11]

今回の受注者のジョイント・ベンチャーとして三つの工区に京王建設が名を連ねている。この構図はリニア新幹線工事の談合事件と同じ構図である。東京都が主たる工事費の負担

者である公共事業に、補助を受ける電鉄会社の子会社が受注者の一端を担って入札に参加しているというのは、入札妨害の何物でもないのではないか。

3　沿線住民運動の歴史

(1)　京王線地下化運動の歴史

京王線の地下化は、沿線住民の長年の悲願であった。沿線住民は、以下のとおり、長年にわたり、京王線地下化運動に携わってきた。

世田谷区議会議長は、一九七〇（昭和四五）年の段階で既に、「高速鉄道地下化に関する意見書」を、運輸大臣、建設大臣、都知事に対して提出していた。

同意見書は、冒頭で「公害追放が叫ばれ、都市公害の発生防止が重要課題となっている今日、市街地における高速鉄道は地下化されなければならないと思います。このことは都市計画審議会におきましても、『都心における高速鉄道は今後地下化すべきだ』と明言しているところからも当然であります。都心とは、山手線内と限定されるべきではなく、世田谷区のような人口七八万を擁する大都市が除外されてはならないのであります」として、世田谷区における高速鉄道を地下化するように求めている。

同意見書が出された直接的な契機は、小田急線の東北沢駅の高架化にあるものの、「緑と太陽

文化都市世田谷区」として高速鉄道の地下化が理想的方途であると述べていることから、当然ながら、京王線の地下化なども念頭に置いていることが分かる。[注12]

その上で、「世田谷区議会としましては、昭和三一年以降再三にわたって高速鉄道の地下化を決議し、区内の交通対策と都市近代化に努力してきました」、「高速鉄道の地下化は理想的方途であり重要な交通機関対策の一環と考えている」等として、小田急線など個別鉄道に限定することなく、区内を通る高速鉄道すべてにおいて地下化を決議していることを明らかにしている。

京王線高架化の動きが具体化するのを受けて、沿線住民の京王線地下化運動は、飛躍的に広がりを見せていった。

まず、二〇〇八年、「松原一丁目まちづくりを考える住民の会」が発足した。

二〇〇九年に、沿線の八会場において京王線連立事業・線増線事業の都市計画素案説明会が開催されると、明大前、下高井戸、上北沢、烏山地区に、地下化推進組織が誕生した。さらに、代田橋駅~千歳烏山駅の周辺住民有志が「京王線の地下化と緑の街づくりを進める会」を発足させた。明大前のグループは、世田谷区と東京都で請願し、審査会が開催され、いずれも継続審議となっている。

二〇一〇年二月、環境影響評価方法書の公告・縦覧が開始されたのを受け、同年三月、環境影響評価方法書に対する意見書八五〇通を東京都に提出した（郵送の意見書を含めると一二〇〇通以

上にも上る）。

二〇一一年一月、請願署名三七六名によって請願し、杉並区都市環境委員会で京王線地下化に関する請願の審査会が開催され、継続審査となった。同月には、上北沢区民センターにて「京王線の地下化と緑のまちづくりを進める会」の決起集会が開催された。沿線住民一五〇名以上が参加し、地下化を求め、署名活動を開始した。


同年二月、都市計画案及び環境影響評価準備書の公告・縦覧・説明会及び意見書提出期限の公示があったが、同年三月一一日に東日本大震災が発生したため、「京王線の地下化と緑のまちづくりを進める会」は、同月二三日、①都市計画案の抜本的見直しと、②意見書提出期限の延長を求める緊急申入書を、東京都、世田谷区、杉並区に提出した。しかし、説明会は延期されたにもかかわらず、意見提出期限は変更されなかった。「京王線の地下化と緑のまちづくりを進める会」は、同年四月二〇日、一八〇〇名もの意見書を東京都、世田谷区、杉並区に提出した。

同年五月に意見書の再募集が実施されたため、同年六月二〇日、四月二〇日提出分と併せて二三〇〇名もの意見書を、東京都、世田谷区、杉並区に提出した。なお、後に、二〇一二年九月四日、東京都都市計画審議会が東京都案通りに都市計画決定をした際、全意見書二八三八通のうち二三九四通が高架化に反対していたことが明らかとなった。圧倒的多数の住民が高架化に反対しているのである。

この点、東京都は、「一般に、都市計画案に賛成している住民があえて賛成の意見書を提出することは多くないと考えられることからすれば、平成二四年（二〇一二年）決定に係る各手続において提出された意見書の中で高架化に反対する意見の占める割合が、必ずしも周辺住民全体における意見の構成を反映したものと評価することはできない」などと主張した。

しかし、このような考え方は、予断偏見以外の何物でもなく、法律の立法趣旨に違反するにとどまらず、住民自治や民主主義の根幹を否定することにもなりかねない。

都市計画法は、都市計画策定手続において、都市計画決定をしようとするときは、都市計画案を公告縦覧することが義務づけられ（同法一七条一項）、縦覧された案について、住民及び利害関係人は、意見書を提出することができることとなっている（同法一七条二項）。その趣旨は、都市計画策定手続において、公告縦覧により住民に計画内容を周知して都市計画の透明性を確保し、住民等の意見書提出を通じて都市計画案に住民の意見を反映させることで、もって、住民自治を実現し、計画策定手続における行政活動の合理性と公正さを担保することにある。

東京都の主張は、多数の住民からの反対意見書について、上記のような予断偏見をもって軽視したことを如実に示すものであり、都市計画法の上記制度趣旨をないがしろにするものと言わざるを得ない。

二〇一一年九月三〇日に開催された都民の意見を聞く会では、一七人中一五人が高架化に反対

した。京王線高架化に賛成したのは、地主の一人と、商店会会長のみである。

その後も、「京王線の地下化と緑のまちづくりを進める会」は、世田谷区長や区議や都議会議員と面談するなどして、精力的に活動を続けてきた。また、二〇一二年九月の沿線デモには、大雨にもかかわらず約六〇名も参加し、周辺住民を巻き込んで活動を広げてきた。

以上のとおり、京王線の沿線住民の多くが、この高架化反対・地下化推進の運動を支えてきたのであり、現在訴訟の原告となっている三二名の背景には、このような営みがあることを忘れてはならない。


このように住民の意見は、都市計画決定に全く反映されず、旧来の高架計画での都市計画決定が踏襲され、強行されたのである。

こうした都市計画決定の決定手続は違法性を帯びており、これに基づく事業認可も違法なものとして取り消されなければならない。

(2) 続発する住民運動

行政当局が都市計画に伴うインフラ建設の公共事業において、住民との公平な対話を避けて不合理を強行しているために、現在都内の多くの個所で住民が不満を募らせており、東京地方裁判所に少なからず同種の訴訟が提起されている。その一端を表6-2に示す。

表6-2　東京地裁で係争中の都市計画案件

提供：蜂谷博氏・太田候一氏（2017年11月12日現在）

	北区志茂 補助86号線	板橋区大山 補助26号線	世田谷区松原 放射23号線	品川区 補助29号線	小平 3・2・8号線	小金井 3・4・1 3・4・11号線	京王線連続立体交差	外環 （青梅街道IC）	外環ノ2 （練馬区1キロ区間）
種別	特定整備	特定整備	第3次 優先整備	特定整備	優先整備	第4次 優先整備	（東京都市計画道路）	国の事業認可と地表開削工事部分の取り消し	練馬区1キロ区間の事業認可に対する訴訟
都市計画決定 （旧法）	戦災復興院 告示第15号	戦災復興院 告示第15号	戦災復興院 告示第3号	戦災復興院 告示第15号	建設省告示 第1909号	建設省告示 第1773号	建設省告示 第3731号	建設省告示 第2430号	建設省告示 第2428号
告示年月日	昭和21年4月25日	昭和21年4月25日	昭和21年3月26日	昭和21年4月25日	昭和38年8月3日	昭和37年7月26日	昭和43年12月28日	昭和41年7月30日	昭和41年7月30日
大臣決定（注）	なし	なし	なし	なし	なし	なし	なし	なし	なし
内閣の認可	なし	なし	なし	なし	なし	なし	なし	なし	なし
原簿・原図	審議会議決と資料のみ。議事録は開示請求可能	（同左）	（同左）	（同左）	（同左）	（同左）	（同左）	（同左）	（同左）
都市計画変更	昭和41年7月30日	昭和41年7月30日	昭和41年7月30日	昭和41年7月30日	？	？	何回も	何回も	何回も
提訴	平成27年7月	平成27年8月	平成28年6月	平成29年7月	平成26年1月	未提訴	平成26年2月	平成26年9月	平成25年3月
裁判内容	事業認可取り消し	事業認可取り消し	事業認可取り消し	延長3.5kmあり、事業計画地が6ブロックに分かれている。二つの住民の会がある。2013年9月に「29号線建設に反対する品川住民の会連絡会」を結成。街頭宣伝・署名活動・学習会・パンフ作成などの活動を続けてきた。	事業認可取り消し	都の第4次事業化計画のパブコメ募集で総計4126件中2111件が小金井市から。2016年秋に都市計画道路を考える小金井市民の会を結成。12月8日に小池知事宛署名8063名提出。会報発行・署名・学習会・他地域との交流など旺盛な活動を展開。地権者の会も35名で結成。	事業認可取り消し 地下化を要求	事業認可取り消し IC部分土地収用取消し	事業認可取り消し
被告	国（都が参加人）	国（都が参加人）	国（都が参加人）		国（都が参加人）		国（都が参加人）	国と都	国（都が参加人）
裁判長	民事51部 清水知恵子	民事2部 林　俊之	民事51部 清水知恵子		民事3部 古田孝夫		民事3部 古田孝夫	民事3部 古田孝夫	民事3部 古田孝夫
弁護団	鳥生忠佑団長	大山勇一団長	海渡雄一団長		吉田健一団長		海渡雄一団長	竹内更一団長	坂勇一郎団長
弁論回数 （29年1月現在）	7回	5回	2回		14回		11回	外環本線の事業認可に対し、行政不服審査法に基づく異議申立ての口頭陳述に取組中	？
備考					結審・棄却 平成29年5月23日				結審・棄却 平成29年3月23日

4　住民参加の環境アセスメント

住民の生活環境に影響する事業については、今ではどの国でも「環境アセスメント」を行うことを制度化している。

では、年間どの程度の件数が行われているかということを原科幸彦氏が紹介している。アメリカ連邦政府の国家環境政策法（ＮＥＰＡ）に基づくアセスメントは、年間三万～五万件行われている。アメリカでは州政府のアセスメント制度もあり、それらを加えれば、全米で六万～八万件は行われていると推計される。中国では、二〇〇三年にアセスメント法を制定・施行したばかりであるが、二〇〇九年の報告によると、年間三〇万件も実施しているという。そして、韓国では年間三〇〇〇件ほどだという。それに引き換え、日本では、国と地方自治体を合わせても、年間七〇件ほどだという。日本は著しい環境後進国である。[注13]

日本のアセスメントの問題は、事業がすでに決定していて着手直前に行われるために、環境に大きな影響を与えそうな場合でも、事業計画の大幅な変更や、ましてや中断などできない。結果として、単なる手続きを行ったという言い訳のために報告書を書いているに過ぎない。事業の意思決定に先立ってアセスメントを行い、その事業を行うかどうかを決めるのが本来のアセスメントの目的である。しかし、日本ではそのような機能を果たしていない。[注14]

諸外国で、多数のアセスメントが行われているのは、意思決定に先立って、簡易的な調査を行い、それを住民に公開して意見を聞き、事業遂行について住民の同意を得るということを習慣化しているからである。他方、日本では行政官庁を初め、事業者が住民の意見を介在させまいとして、直前まで事業計画を伏せて置いたり、アセスメントの文書を黒塗りにしたり、さらには一方方向の「説明会」を形ばかり行って、たとえ圧倒的多数の住民の意見書が、その事業計画に反対であっても無視しようという意志が強固に働いているのである。日本の行政当局が住民の多数意見を排除している実態は、私たちの社会が民主主義の原則からはるかに遠いことを如実に示している。

注

注1　『調布市議会五〇年史』調布市、二〇一七年、五〇六頁など　http://www.city.chofu.tokyo.jp/www/contents/1176118932243/index.html

注2　『都市計画案・環境影響評価書案の説明会』東京都・調布市・京王電鉄、二〇〇〇年一一月二八日、四頁

注3　五十嵐・小川明『建築紛争』岩波新書、二〇〇六年、六七頁

注4　「代田橋ＢＬ　Ｒ４（アンダーピニング工法）設計計算書」東京都・京王電鉄、二〇一二年三月

注5　「小池都知事　市場移転問題　記者会見での主な発言」『毎日新聞』二〇一六年八月三一日　https://mainichi.jp/articles/20160831/k00/00e/010/266000c

注6　「小池知事、再調査の方針…築地移転先盛り土せず」『毎日新聞』九月一〇日　https://mainichi.jp/articles/20160911/k00/00m/040/082000c
注7　「豊洲問題　都の報告書詳報」『朝日新聞』二〇一六年一〇月一日
注8　新藤宗幸『技術官僚』岩波新書、二〇〇二年、一一三頁
注9　新藤宗幸、前掲書、一一三～一一七頁
注10　「JR東海の意向影響か　大林受注の名古屋駅工事」『朝日新聞』二〇一七年一二月二一日
注11　「再発防止策機能せず」『朝日新聞』二〇一八年一月二四日
注12　「高速道路地下化に関する意見書」世田谷区議会議長石塚玄
注13　原科幸彦、前掲書、六頁
注14　原科幸彦、前掲書、一五四頁

終章

1　京王線沿線の情景

(1)　天と地・府中と調布の異なる選択

ここでいう〈天〉とは高架化をさし、〈地〉は地下化をいう。人の目線からすれば〈天〉は高架上を我が物顔で疾走する電車と高い壁、それを見上げるしかない分断された空だ。〈地〉は地下化によって解放された、人々が和やかに闊歩出来る、さえぎるもののない地上のことである。

選択という言葉には主体的な響きがあるが、国や都の交通行政・事業者の対応を見る限り、市町村や住民のアイデンティティが尊重されていないようだ。現実には高架化・地下化の選択は予算と決定権を持つ為政者・事業者に全面的に委ねられている。事業者の手前事情と目論み、都やお国の利権的な税金のバラ撒き、それに便乗して進行する区や市町村のまちづくり、そんな構図が透けて見える。税金を納めるのも、金を払って鉄道に乗るのも住民、騒音に晒されるのも住民なのに。どのように駅舎が改装され階段の昇り降りが変えられても、それを受け入れその動線に従うしかない住民たち。計画に住民の意向を反映させる術がないこの国の仕組みを問い直すべきではないのか。

府中市と調布市は、駅と周辺・通りなどの配置が似ている。市の規模や税収においては、競馬場・競艇場・刑務所に東芝やサントリーの工場を抱える府中市は都下屈指のお金持ちの市であり、調布市とはかなり差があるようだ。

府中市は京王線の線路が市の中央を横切るように横断し、北に甲州街道、南に旧甲州街道、五〇〇ｍに満たない両街道の間にメインストリートがある。調布市も同様に京王線を挟んで北に甲州街道・南に品川道、その間にメインストリートがある。元々甲州街道に添って敷設された京王線は、東西に細長く伸びた調布市を南北に分断するように横切っている。両市とも二本の街道、その間に京王線の駅ということで似ていたのだ。

しかし、よく似た町並みはここに来て全く別々の町になってしまった。府中市は高架化（一九九一年）、調布市は地下化（二〇一二年）と、異なる駅のかたちを選択したからである。

府中駅前にはかつて雑居風の飲食街があり賑わっていた。界隈性に溢れた町並みを潰し、今そこにはインテリジェントビル（二〇一七年オープン）が建っている。ビル内には全国ブランドのお店が軒を並べる。府中駅の高架化からすでに二五年余り、高層ビルに囲まれた駅、高架フロア（二F改札階）は二つのビルとデッキでつながっている。仰々しい駅ビルの屹立は、しかし日本中どこでも見られる画一的なものだ。そうした駅周辺のまちづくりは誰の頭から出たものだろう。調布の開かれた駅前に比べると、府中はデザインの空回りするあざとく古めかしい町に見えてしまう。甲州街道と旧道に挟まれたエリアはビル群と相まって息苦しい。ペデストリアンデッキ（高架歩道）に区切られたロータリーのバスターミナルも、狭く発展性を感じさせない。高架橋の壁とビルが空間を制限してしまった。古都府中の源頼朝が寄進したと伝えられるけやき並木

図7-1　府中駅ホーム下

も高架橋に寸断され、由緒ある大國魂神社はそのせいで萎縮して見える。旧い写真の神社は鬱蒼たる木立に覆われていた。それを市役所など公共の建物が率先して壊してきたのだ。境内の木々はチラホラと淋しい。鎮守の森は失われ、府中は何かチグハグな町になってしまった。踏み切りは解消されたかも知れないが、高架化のもたらすものは壁による分断に止まりそうにない。穏やかさ・安らぎといった市民の精神性にまで影響を及ぼしている。

(2)　哀愁の八幡山

八幡山駅周辺の町並みはきわめて〈中途半端なもの〉だ。

人の栖(すみか)も町も絶えずかたちを変えて止

まることを知らない。人の営み・文明の発展も同様であり、すべては過程のうちにある。視界に紛れ込んでくる新築・改築の風景、違和感に慣らされた私たちは何気なくそれらを受け入れて生活している。殺伐とした工事途中の風景には、それでもなにがしかの活気がある。完成を期待させるイメージ喚起の力だろうか。しかし四〇年前に高架化された八幡山駅からそうした活気は感じられない。どのような駅前になって行くのかビジョンが見えてこない。むしろ経年による疲労感・すさみ感すら漂ってしまっている。

ありえないことに「八幡山駅が高架化しているから他の駅も」と京王線高架線計画の根拠にされる駅だという。他の駅の高架化を受ける区画整備の用意だろうか、駅周辺には乱杭歯のような空地・駐車場（京王グループの）が目につく。この地区の整備イメージが摑めない。

高架下から環八通り、甲州街道を巡ってみた。「ガード下」という語感には戦後の焼け跡闇市の響きがある。中央線・神田駅や新橋駅のガード下には現在も赤提灯・飲食店がひしめいて、それなりの界隈性を醸し出している。八幡山はどうだろうか？

高架と一体化した駅舎に接してスーパーマーケット・京王リトナードがある。時間帯（午後三時半頃）のせいもあるだろうが人気がない。壁や支柱にクラック・赤錆びが浮きはじめた駅舎と同じように、建物全体がくすみくたびれている。排ガスや風塵に晒されたセメント・鉄材は傷みが早いと聞くが、交通量の多い環八通りと甲州街道に接する八幡山駅の構造疲労はどうなのだろう。スーパーの他に目立った施設は見当たらず、続く線路幅のまま高架下は死んでいた。こうしたロートル駅の延命・補修・改修などに予算を使わないで、代田橋から千歳烏山を貫く地下化にリセットすれば、沿線のまちづくりはランクアップ・京王の商業施設も活性化するに違いないのに。将来を展望した大局的な計画の策定を、現在の都や京王電鉄に望むのは無理というものだろうけれど。

図7-2　八幡山高架下

　環八通りは京王線の高架下をくぐり、甲州街道をまたいでいる。このあたりで渋滞が続く環八通り。鉄道の高架化に固執するのではなく、道路との整合性も計算に入れた高いレベルでの計画の見直しを求めたい。甲州街道沿いに歩いて駅前通りを右折し、駅に戻った。雑然と続く左右の商店・虫食いのような空地と駐車場、京王グループは駅周辺・沿線のかなりの土地を買い占めているが、立ち退きを拒絶する地権者も多いようだ。結果としての虫食い・乱杭歯。そういえば八幡山駅にはロータリーがない。バス便・路線が少ないからだろうか。駅の住所は杉並区・駅の南側、世田谷区八幡山一丁目～三丁目・人口七九〇七人が〇・六五九㎢に密集している八幡山地区。つなぎ地域と侮ることなかれ。都や京王電鉄が快適さと利便さを望む住民に寄り添い、小規模でもモデルケースとなるまちづくりを共に目指すなら、三方良しの実績を残すこともできるのに。沿線の住民は電鉄の運命共同体であり、財産でもある。計画の見直し次第で様々な可能性の広がる関係でもあるのだ。

改めて眺め直してみると、高架のコンクリート製構造物にはすさまじい存在感がある。駅周辺ばかりか高架線沿いの地域全体の雰囲気を決めてしまう城郭の壁のような威圧感だ。こうした景観は時代遅れであり未来を疎外するものだ。都による電線の地下化が標榜され災害対策の充実が検討される今日。地上の空間を解放する京王線の地下化こそ選択に値する。うらぶれた高架駅と、雑然とした中途半端な町並みを歩きながら、漠然としたやるせない思いに囚われた。哀愁の八幡山である。

2　住民運動で学んだこと

(1)　都市計画住民説明会のひどい実態

都市計画の素案や環境影響評価、用地取得、工事など、都市計画を計画し実施しようとする際、行政主催の説明会が行われる。今回の都市計画事業でも説明会が何回か行われた。しかしその実態はただ行えばよいだけというひどいものであった。以下にその実態を記し、それに対してどのように取り組んだかを記録として残したい。同じような説明会に今後参加するときの参考になるであろう。

説明会の行われ方：全体は一時間三〇分。出席者紹介とパワーポイントに音声を加えたスライド上映でおよそ三〇分が使われる。そののち残った一時間で住民との質疑が行われる。

住民質疑の実態：質問者は挙手する。司会者がその中から質問者を指名する。住民は町名くらいまでの住所と名前を差支えなければ言うように求められる。しかし名乗りたくなければ名乗らなくてもよい。名乗らない人もかなりいた。住民が質問をすると、司会者がそれを要約する。この事の問題は二つある。一つは質疑の全体時間が一時間しかなく、時間不足におちいる。貴重な時間の浪費の一つはこの司会者による要約に費やす時間である。答弁者は質問に対してすぐに答えればよいのである。もう一つは司会者の要約が質問者の意図と異なる場合である。これに対してはその場で直ちに真意を説明するのがよい。

次に行政や事業者（今回の場合は京王電鉄）より回答があるが、重要なのはこの質疑が再質問を許さない形式で行われることである。その結果、質問しっぱなし、回答しっぱなしになってしまう。再質問しようとしても、司会者が「大勢の方から質問を受けなければならないので」と体よくさえぎってしまう。これこそが住民説明会の実態を表している。聞き置く行政そのものである。

住民との熟議で住民に理解を求め、さらにはより良い計画にしていこうなどとは微塵も考えていない。

再質問を許さないことに対する対応はいくつか考えられる。一つは司会者の阻止を無視して再質問することである。再質問の一つくらいは取り上げられることがある。次に質問者複数が事前に質問内容を打ち合わせて置き、次に質問する人が前の人の質問回答に対してその追加質問をすることである。しかしすべての質問者で事前打ち合わせをするのは不可能だし、次の質問者がその質問グループの人になるとも限らない。従ってうまくいくかはわからない。説明会は複数の会場で行われるので別の会場で再度質問する手も考えられる。しかしこれも別の会場で必ず司会者に指名されるとは限らない。再質問を許さない説明会のあり方に根本的な問題がある。

その制限下の限られた時間に重複した質問をすることなく多くの質疑をするためには、次のような対策が考えられる。出来るだけ多くの人が事前に集まり質問の相互紹介、シミュレーション、さらには回答に対する再質問、追加質問の準備をしておくことが有効な対策である。今回の事業に関してはおよそ八会場で説明会が行われた。説明会開催の途中で地下化の会の会員が集まり、中間総括を行って後半の説明会に臨む態勢を作ることも行った。全説明会に出席できなくても、このようにして情報を共有し後半の説明会に臨むことができた。

数回行われる説明会では司会者が今までの出席者を覚えていて、同じ人やうるさい質問をした人に当てないようにする傾向も見受けられた。それを避けるため、複数回出席する質問者は洋服を変えたり、帽子を付けたりサングラスをしたりと、同一人物とみられない工夫をして出席したりした。

質問のコツとしては、自分の意見をいくら述べてもしょうがないということをまず挙げたい。肝要なのは行政から何を引き出すかを十分考えた質問をするということである。自説をとうとうと述べ立てても「ご意見として受け止めます」と一言返されるだけである。それでは独りよがりで何の成果もないばかりか、貴重な時間を無駄にし、他の人の質問時間を奪うだけである。質問の形にすることがまず大事である。例えば「騒音は問題ないと言うが環境影響評価準備書では何ページに高層階で騒音悪化という調査結果が出ている。高層階は騒音悪化するのではないか」のように具体的な質問をしなければ意味がない。さらに行政の本音を引き出す質問も有効である。黒塗りの計算書に対して質問した時、「どうせ住民に開示してもわからないだろう」という本音を引き出せたこともある。

もう一つは説明会会場の質疑を利用して自分たちの主張を会場出席の住民に知らしめるということも有効である。その意味でも質問者に拍手することも有効である。また反作用も考える必要があるが行政回答にヤジをとばすことも時には有効である。役人の答弁は最終的には「そのようなご意見もありますが、違ったご意見もあります」「総合的に判断してこの案になりました」「適切に対処します」などと答える。住民からの具体的で切実な質問に対し、行政は、抽象化・的外し・逃げ・はぐらかしの回答に終始する。また長々と回答にもならない長話をして時間を費やすテクニックも使われる。そのような回答を許さない質問が必要とされる。質問する側はできれば証拠に基づいて、できるだけ具体的に質問して前に記したような回答ができないようにすることが望まれる。

(2) 情報開示の活用

裁判を提起するしないは別にして、説明会の資料だけでは、都市計画事業は理解できない。担当部署に行って質問しても得られる情報はない。情報は全て相手側の陣中に隠されているので、徹底的に情報開示制度を利用し、相手側に否が応でも情報を出させるしかない。開示された公の文書こそが、我々の武器となる。したがって、情報開示のやり方が、とても大事であるので、参考に記しておきたい。

情報開示は、情報開示を請求する文書の表題がわかっているものはそのまま開示請求できるが、そうでない場合は、さまざまな工夫が必要である。情報開示は請求したものに関してのみ開示されるからである。こちらの意図を汲んで、関係するものを拾い集めて開示するなどは、行政は行わない。「一式」、「全て」などと開示請求に書いて、できるだけ広く網をかける必要があるが、どこに何があるのか分からないものを探しあてることが肝要であるのに、単に「京王線連続立体交差事業に係る全ての文書」では、開示できない。

即ち情報開示ローラー作戦を行わなければならない。

以下に、体験的に学んだ〈情報開示の虎の巻〉を箇条書きする。

その1　東京都の担当部署に行き、公文書の保管方法を聞いて情報開示請求をかける

今回の場合は、東京都建設局道路建設部計画課、鉄道関連事業課が主な関係部署で、公文書は、文書管理基準表に於いて表示番号一～一二四に分類されている。従って公文書の件名のところは、「建設局道路建設部計画課及び鉄道関連事業課の文書管理基準表に於ける表示番号一～一二四の全ての文書のうち平成〇年〇月〇日以降の京王線連立事業（笹塚～仙川）に係る文書（別紙一）」と書く。別紙一とは、情報開示請求書を出すと折り返し担当部署から電話連絡がくるが、こちらは開示件名がわからないので、それを別紙に書いて下さい請求する文書のこと。後日一覧表になって開示件名が送付されてくる。

その一覧表に記載されている全ての文書を開示請求してもかまわないが、担当者の負担も考えて、どのような内容が書かれているかを電話で聞いた上で、開示請求するものを決定する。以前は開示請求する件数の手数料がとられていたので、それだけでも相当な金額だったが、現在は開示手数料がかからなくなったので、開示決定後に受け取りに行った際閲覧し、欲しいものだけもらうのも可能である。実はこの開示請求書類を受け取る時が、ただ受け取るだけではなく、内容をみながら担当者に説明を求め、質問できるまたとないチャンスであり、次の情報開示につながる情報が得られるのでじっくりやるのがよい。情報開示請求をため込んでしまうと、この説明・

質問タイムがおろそかになるので、ローラー作戦はこまめにやることをお勧めする。

その2　調査書は別に情報開示をかける

ここで注意して欲しいのが、保存している文書の全てが公文書ではないことである。業者に委託して制作した調査書は、調査書であって公文書ではないという、とても理解しがたい説明だったが、それは良しとしても、『京王線連続立体化調査報告書』（平成元年三月、平成二一年三月）や『環境影響評価計画書』などはここに分類されるので、別途請求することになる。この場合は、「平成〇年〇月〇日以降の京王線連立事業（笹塚〜仙川）に係る調査書の全て」と開示請求をかける。

（注意）要件が多いと開示するのに時間がかかるので、その1とその2は別々の開示請求用紙に書くことをお勧めする。

その3　情報公開請求先は東京都だけではない

事業主体は東京都であっても、認可をした国土交通省にも情報開示しなくてはいけない書類がある。手続きに必要な法的なことが書いてあり、住民説明会で配布された資料に都市計画事業の流れを説明したものが配布されるので、それを参考に全ての場所を探し、追いかけなければならない。例えば、鉄道事業者（京王電鉄）は、鉄道事業法に基づき国土交通省に事業基本計画（同法七条）及び鉄道施設の変更（同法一二条）申請を行っているので、これを国土交通省に開示請求する。京王電鉄は公共団体ではないので、残念ながら京王電鉄に情報開示請求はできない。

その4　CD媒体など電子媒体で開示希望と書く

開示請求は基本的には紙で開示することになっているので、電子媒体が最初からあるならば開示されるが、わざわざ電子媒体にしてくれるサービスはない。電子媒体でもらうと後の取り扱いが楽なので、あってもなくても「電子媒体開示希望」と書く。開示請求の際に書かないと電子媒体ではもらえない。特に調査書は、業者に委託してやるものが多いので電子媒体が存在することが多い。非開示のものが含まれているものは電子媒体での開示はできない。

その5　開示請求はインターネットを利用する

東京都などの情報開示のホームページへアクセスすると詳細が分かる。

情報公開の窓東京都　www.johokokai.metro.tokyo.jp/

東京都の電子申請はこちらかから

東京共同電子申請届け出サービス　http://www.shinsei.elgfront.jp/tokyo/navi/procInfo.do?fromAction=1&govCode=13000&keyWord=123&procCode=2023520

世田谷区も電子申請ができる。

　世田谷区行政情報開サービスで検索

国土交通省も電子申請できるが、手続きが複雑なので、情報公開窓口に電話する方が早い。

その6　情報開示に対して不服があれば異議申し立てができる

行政不服審査法により、公文書の開示請求に対する決定に不服がある場合は、決定を知った日の翌日から起算して六〇日以内に異議申し立てができる。その後情報公開審査会にかけられ審議されるが、決定までに数カ月がかかり実効性は乏しい。最近は〈のり弁〉と言われる、一面真っ黒なものが情報開示されることに異議申し立てすると、閉されていた扉に少し隙間が開いてくる。

その7　担当の役人とは大人の会話でいじめない

担当者も役人の仕事として、きっとやりたくないことと思ってやっているのに違いないので、お互い敵味方、腹がたっても嫌みは言わない。礼節をもって接するべし。住民運動を行うにも、格段の忍耐と寛容が求められる。

3　住民のためのまちづくりをめざして

今、私たちは京王線の高架計画を地下化に変更することを求めて運動している。その意思決定の主体を担っているのは、事業費の八五％を負担する東京都建設局である。今まででるる述べてきたように、環境面においても、防災面においても、経済面においても、地下化することには、圧倒的な有利性がある。そして、そのことは多数の沿線住民の意見書としてたびたび表明されてきた。それにもかかわらず計画の変更が実現しないのは、われわれの社会の意思決定が多数の市民の求めを退け、少数のインサイダーの利権を実現するように動いているからとしか考えられない。

そして、私たちが住むこの社会は、民主主義手続きにおいて、世界の潮流から圧倒的に遅れている後進国である。それを改める唯一の手段は、公共事業における透明性と、事業担当者のアカウンタビリティを求めるほかにない。

世界の大都市東京都においても、八〇％以上の住民が計画変更を求めている問題について、同様の手続きが実行できないはずはない。東京都の都庁及び都議会が、民主主義を標榜するならば、透明性とアカウンタビリティを実証するために、大々的な住民参加の合宿討論会を開いて、議論を尽くすべきである。

京王線沿線という、一地域の運動に過ぎないとはいえ、この問題は日本全国いたるところで不合理を生んでいる多数の公共事業の意思決定過程に見られる不条理に共通する性格を帯びている。この運動が私たちの社会の民主主義を改善する一歩になればと願っている。

謝辞

本書は、京王線地下化実現訴訟の会と訴訟代理人および意見書を提出した専門家たちの合作である。

東京地方裁判所へ提訴したのは二〇一四年二月二八日、結審したのは四年後の二〇一八年二月二一日、判決は五月二八日に予定されている。結審に際して訴訟の会は、沿線住民たちが京王線高架化工事の説明会で具体的な計画を受けて以降、悩みかつ学んできたことがらをひとまずまとめることをめざしたのがこの本である。同様の問題に直面している各地の市民同胞のご参考になればと願っている。

専門的な内容については、次の方々の意見書をもとにしている。記して感謝を申し上げる。ただし、本書における記述は、各位の資料をもとに著者が専門用語を一般読者向けに平易な表現に改めたものである。したがって文責は一重に著者にある。

・第2章　京王線高架化の騒音予測：故 末岡伸一氏。同氏は東京都環境研究所に長らく勤務され、退職後、末岡技術士事務所を設立して、各種環境業務のコンサルタントを務める傍ら、中央環境審議会の専門委員、環境省環境研究所の講師、各省庁の検討委員、日本騒音制御工学会副会長を歴任された。この度の京王線の騒音問題には特別に憂慮を深められ、熱心に意見書を執筆してくださった。二〇一七年に出廷して証言されることを望まれたが、折悪しく発病して入院を余儀なくされた。最後の上申書は病床で口述された言葉を弁護士が書き留めるという作業をし、その直後の八月八日に永眠された。

・第3章1節　現代都市計画と鉄道の防災：松村みち子氏。特定非営利活動法人 防災情報研究所理事、土木学会フェロー、工学博士。政府の科学技術会議専門委員、経済審議会臨時委員のほか、地震調査研究推進本部の政策委員会委員を八年間務め、地震防災や土砂災害対策の市民活動にも長く携わっておられる。

・第5章5節　旧都市計画法違反の疑い：太田候一氏。沿線住民の一人であり、都市計画に係る法制度に造詣が深い。

そのほか、一人ひとりのお名前は記さないが、多くの先達のご教示をいただいたことを記して感謝を表したい。

出版にあたっては、緑風出版の高須次郎社長およびスタッフのみなさんの一方ならぬご指導をいただいた。改めて感謝を申し上げる。

二〇一八年四月

著者

[著者略歴]

海渡雄一（かいど・ゆういち）

1955年生まれ。1981年弁護士登録、原発訴訟、監獄訴訟、盗聴法・共謀罪・秘密保護法などの反対運動などに従事。東京共同法律事務所所属。2010年4月から2012年5月まで日弁連事務総長、日弁連共謀罪対策本部副本部長、脱原発弁護団全国連絡会共同代表、監獄人権センター代表

著書に『原発訴訟』（岩波新書　2011年）、『共謀罪とは何か』（保坂展人と共著岩波ブックレット　2006年）、『反原発へのいやがらせ全記録』（海渡雄一編　明石書店　2014年）、『秘密保護法対策マニュアル』（岩波ブックレット　2015年）、『戦争する国のつくり方』（彩流社　2017年）、『可視化・盗聴・司法取引を問う』（村井敏邦との共編著　日本評論社　2017年）、『新共謀罪の恐怖——危険な平成の治安維持法』（平岡秀夫との共著　緑風出版　2017年）『共謀罪は廃止できる』（緑風出版　2017年）など。

筒井哲郎（つつい　てつろう）

1941年、石川県金沢市に生まれる。1964年、東京大学工学部機械工学科卒業。以来、千代田化工建設株式会社ほかエンジニアリング会社勤務。国内外の石油プラント、化学プラント、製鉄プラントなどの設計・建設に携わった。現在は、プラント技術者の会会員、原子力市民委員会原子力規制部会長、NPO APAST 理事。

著書に『戦時下イラクの日本人技術者』三省堂、1985年、『今こそ原発の廃止を』カトリック中央協議会、2016年（共著）、『原発は終わった』（緑風出版　2017年）

訳書に『LNGの恐怖』亜紀書房、1981年（共訳）。

[協力団体]

京王線地下化実現訴訟の会

2014年2月28日に東京地方裁判所民事部に対して京王線立体交差事業認可事前差止請求を提訴した。

連絡先：東京共同法律事務所　花垣存彦弁護士　電話 03-3341-3133

沿線住民は眠れない

——京王線高架計画を地下化に——

2018年5月28日　初版第1刷発行　　定価1800円＋税

著　者　海渡雄一・筒井哲郎©
発行者　高須次郎
発行所　緑風出版
〒113-0033　東京都文京区本郷2-17-5　ツイン壱岐坂
［電話］03-3812-9420　［FAX］03-3812-7262［郵便振替］00100-9-30776
［E-mail］info@ryokufu.com［URL］http://www.ryokufu.com/

装　幀　佐藤和宏・斎藤あかね
制　作　R 企 画　　印　刷　中央精版印刷・巣鴨美術印刷
製　本　中央精版印刷　　用　紙　中央精版印刷・大宝紙業　E1200

ISBN978-4-8461-1808-2　C0065